Umbrales.

Un viaje por la cultura occidental a través de sus puertas

通往历史的门

跨越西方建筑与艺术

〔西〕奥斯卡·马丁内斯（Óscar Martínez）— 著

张贝贝 —— 译
郝小斐 —— 校译

中国出版集团
中译出版社

图书在版编目（CIP）数据

通往历史的门：跨越西方建筑与艺术 /（西）奥斯卡·马丁内斯著；张贝贝译. -- 北京：中译出版社，2022.7

ISBN 978-7-5001-7080-8

Ⅰ.①通… Ⅱ.①奥… ②张… Ⅲ.①建筑艺术—研究—西方国家 Ⅳ.①TU-861

中国版本图书馆CIP数据核字(2022)第080679号

版权登记号：01-2022-2117

通往历史的门：跨越西方建筑与艺术
TONGWANG LISHI DE MEN: KUAYUE XIFANG JIANZHU YU YISHU

出版发行 中译出版社
地　　址 北京市西城区新街口外大街 28 号普天德胜大厦主楼 4 层
电　　话 (010) 68359373, 68359827（发行部）68357328（编辑部）
传　　真 (010) 68357870
邮　　编 100088
电子邮箱 book@ctph.com.cn
网　　址 http://www.ctph.com.cn

出 版 人 乔卫兵
策划编辑 郭宇佳　张　巨
责任编辑 郭宇佳　张　巨
文字编辑 张　巨
封面设计 王子君
插画手绘 王　欢

排　　版 北京竹页文化传媒有限公司
印　　刷 北京中科印刷有限公司
经　　销 新华书店

规　　格 880 毫米 ×1230 毫米　1/32
印　　张 10.25
字　　数 197 千字
版　　次 2022 年 7 月第一版
印　　次 2022 年 7 月第一次

ISBN 978-7-5001-7080-8　定价：88.00 元

献给我的兄弟，埃托尔。

他很久之前就穿过了那扇

唯一的、有去无回的门。

不论你现在身处何处，

暂时无须等我了。

我还是更喜欢门这边的风景……

目　　录

起　　点

神 圣 之 门

私域的入口

通往其他世界的入口

终　点

引　　言

门象征着两种状态、两个世界之间的通道，它联结着已知与未知、光明与黑暗、富足与贫瘠。门通往的是神秘之处。但它同时还有一种动态的、心理学上的意义，因为它不仅意味着通行之地，还暗示着你去穿过它。门是向远而行的邀请函。

✦ 让·席瓦利，阿兰·盖尔布朗

门是一道边界，在此处，思想得以更好地传递。

✦ 保罗·鲁米兹

一本书的第一句话就像一扇门，我们通过它进入那个即将在我们面前展开的故事。经由“此门”可以阅览之后的几百页，可以窥探此书的所有谜团，揭晓隐藏其中的秘密。着手阅读一本书是一件带有一点冒险和挑战的事，穿过一扇门也是如此。无论这扇门是真实存在的，还是具隐喻性的，在门后面等着我们的地方总是充满了神秘感。无论这些门是关着的、开着的，还是半掩着的，它们总是令人不由去猜想，在门的另一边我们将发现什么。我们面对的可能是这些门中的任何一扇，这让人不禁感到一丝不安、一点焦虑，因为我们不知道我们正在进入的这个空间（或不知道我们正在走向的那个未来）会为我们准备什么样的惊喜。每扇门都让人进退两难，而事实上每本书也都应该稍稍制造点困境。本书并不希求此效果，但确实试图让读者推开一扇门并开启一次旅行，正如诗人卡瓦菲斯所说的那样：“但愿你的旅途漫长，充满冒险，充满发现。”

《通往历史的门》是一本关于门的书，讲述了是什么让门这种建筑元素能够如此特殊，以及人类是如何给他们房屋的建筑入口赋予众多象征含义和信息的。而就这本书而言，它所讲的不单是建筑。此书试图呈现给读者一本旅行笔记，它将发掘那些或许还不为人知的门，同时也会带领读者观看、聆听那些已知之门的新故事。

毋庸置疑，在历史的长河中，人类一直在钻研门的建造和装饰。事实上，能在人类文明中留下如此深刻痕迹的建筑元素实属不多。如果说有什么事物能区分我们与史前祖先，那么除了文字、贸易和城市中的社会组织之外，就是门了。之所以会如此，是因为门与人类最伟大的发明之一——建筑，有着密切的关联。一切建筑都有门，而几乎所有我们能想到的门都与建筑结构的概念密不可分。

尽管门在人类文化中扮演着根基性的角色，但如今的生活节奏往往使我们意识不到它们的存在。围绕并制约着我们的快节奏生活以及想要尽快实现目标的渴望，让我们把所有的门和通行之处都视为横亘在我们与梦想之间的障碍。“我们什么都想得到，并且我们现在就想得到”，当我们把这句格言运用到旅游和旅途中时，门就被人们弃之脑后了。如果去参观罗马的万神殿，我们想的是尽快进入，而不是在外面多停留一会儿；如果去威尼斯的圣马可大教堂，我们也是迫不及待地想进去看看。同样，我们对许多中世纪的门廊或建筑物的外墙几乎不屑一顾，因为我们只是急于在最短的时间内进入这些建筑物里面去看看。

每扇门都标志着一个通道。被门框、门楣框起来的入口，还有入口处的拱门，它们是一个混合的空间，是两种现实之间的某个时刻，是两个世界、两个国度之间的边界。门作为一种建筑元素，不仅使我们能够在空间之间移动，或是从建筑物的外部进入内部、从内部来到外部，它们还具有强大的象征意义。作为通行之地，门往往与“变化”“演化”等重要概念有关，这就使得它们所携带的象征意义也极其重要，具有极大的普遍性。因此，我们可以认为门联结着梦境与清醒、光明与黑暗，也可以认为它是由无知通往智慧的通道，更重要的是由生到死的通道。在伊特鲁里亚人[①]、罗马人和早期基督教徒的许多石棺中，都可以看到一些半掩的门的身影，其目的是帮助死者的灵魂进入来世。埃及的古墓中也到处可见假门石碑，古埃及人相信通过这些假门，死者的灵魂可以自由地穿行于阴阳两界。

作为一处特殊的地方，门在许多故事、传说和神话中扮演着重要角色。几乎在所有的文化中都有负责守护门的神灵，其中最著名的是古罗马的雅努斯神，他的两张面孔分别朝向相对的两侧，守卫着房屋的入口。在很多传说中也有看守门户的生物，比如古希腊神话中的地狱三头犬——刻耳柏洛斯，它守护着冥界的入口，阻止灵魂从冥府逃离；抑或希腊神话中的百头巨龙拉冬，它看守的是赫斯帕里得斯[②]三姐妹的花园。我们也经常看到圣彼

① 伊特鲁里亚人一般指伊特拉斯坎人，是古代意大利西北部伊特鲁里亚地区古老的民族。——译者注

② 赫斯帕里得斯是古希腊神话中的仙女，共有姐妹 3 人。——译者注

得作为天国的守门人，手持钥匙出现在很多作品中，而圣母玛利亚也被象征性地与门联系在一起，上帝化身为基督，通过这扇门来到世间。

一切通路和转变都涉及风险，因此门应该受到保护，从而让任何一个穿过门的人都免遭被觊觎的危险。对门的保护既可以通过仪式，也可以通过宗教行为来实现，比如使用护身符。仪式中涉及了一些根深蒂固的传统，比如在某些建筑物的入口处脱掉鞋子，或是新娘在结婚当天要被抱着跨过门槛。有些地区的人认为，人进门时不应该先迈左脚，也有些地区的人认为不应该在门口给婴儿喂奶。而在不列颠群岛，甚至有一种传统，即在某位家庭成员将死之际，要把家中的门打开，这样一来，逝者的灵魂才可以毫无阻碍地离家，顺利前往来世。

置于建筑物入口处、被用来辟邪的器物就如形形色色的文化和文明一样丰富多彩。从古罗马住宅那引人注目的男性生殖器浮雕，到穆斯林文化中的法蒂玛之手，人类一直试图用各种方法来守护家宅和庙宇的入口及通道。几千年来，眼睛、马蹄铁、植物枝条、小型人像，或是具有特殊形状的贝壳和动物骨头一直被用来抵御恶灵。真实和想象中的动物形象也往往出现在护身符中。因此，许多著名建筑物的大门是由凶猛的狮子、狮身人面兽或怪兽来守护的，它们只是伫立在那里就能够驱除不祥之兆和负能量。同样，组织严密的宗教也存在这类现象。基督教广泛使用十字架、圣徒和圣母像作为大门的护符，甚至在许多有围墙的城市入口处顶部还建造了小型教堂。面对敌人的攻击，一切防御工事中最薄弱的地方就是门，所以任何能够增强其力量和抵御力的措施都会被用上。门是特殊之地，也是脆弱的空间，因此应当受到保护，被装饰、被祝福。本书将带领读者发现一些大门，揭示它们背后的秘密和谜团，因为门还是神秘的地方，蕴含了历史、故事和传说。

本书以一栋房子的大门为开始（因为如今最能够决定我们公民身份的或许就是这些门），但随后就转入宗教建筑领域。人类历史上第一个伟大的建筑无疑是用来供奉神灵的。因此，在庙宇和圣所中发现一些特别古老的大门也就不足为奇了。

从史前时代到中世纪，本书将为大家介绍 7 处神圣的大门，从而回顾几个世纪以来塑造了西方文明的建筑文化。史前圣所的大门，古埃及、古希腊和古罗马的神庙入口，当然还有中世纪的教堂大门，这些都是本书第一部分“神圣之门”的主角。第二部分“私域的入口”讲的是住宅、要塞、城堡，甚至是商铺的大门。宫殿、私人住宅、城墙和商店都设有门，而这些门所讲述的故事之多，往往超出了它们所在的建筑物本身的功能。本书的第三部分“通往其他世界的入口”讲述的是一类特殊的门。它们之中的一些如今仍然作为建筑物的入口，但其余的则是能让我们进入其他空间的门户——与其说是建筑内的空间，不如说是象征性和想象中的空间。诚然，绘画和建筑能够打开感知的大门，拓宽我们对世界的体验，使我们能够在弥补现实空白的象征性空间里遨游。本书结束于一所房子的入口，但并不是古罗马某个房屋的入口，而是某所现代公寓的一扇门——以如此方式结束有关大门故事的讲述。本书的介绍从普通私人的到神圣大众的门，从象征性的到军事领域中的门，最后以某所住宅的大门作为尾声。

本书在选择所讲述之门时带有显而易见的主观性。本书无意对建筑史进行详尽回顾，而只是列举一部分当作例子，让读者一窥这些建筑元素在西方某些地区的文明发展史中所发挥的非凡而重要的作用。显然，大家可能会想到一些理应出现在这类书中的建筑作品，本书也试图发掘一些或许不那么有名但能让我们探索不同焦点的例子。

凡读本书者，并不会在其中找到圣地亚哥-德孔波斯特拉大教堂的荣耀之门，但会发现一些其他的中世纪大门，它们将助你了解罗马式和哥特式艺术中那些不太为人知的方面。本书也不会对马德里的阿尔卡拉门或是柏林的勃兰登堡门进行介绍，却会对这些建筑可能具有的纪念性凯旋拱门的特点进行分析。同样，不管是罗马城墙的大门，还是佛罗伦萨的洗礼堂大门，抑或是萨拉曼卡大学有趣外墙上的大门，统统不在此书的讨论范围内。虽然它们在此缺席，但读者会看到其他的大门，这些大门帮助我们深入探讨与符号学、历史或神话有关的问题。

每一扇门都暗含影射，每道门槛都是一个空间进入另一个空间的缝隙。因此，本书的每一章内容不仅是在探讨一件建筑作品，也是在探讨一些问题，而这些问题最初看上去似乎与各章标题并没有什么关系。此书的每一页，也是一道门槛，所以接下来唯一要做的就是请你翻过这一页，如此便穿过构成此书的第一扇门。

通 往 历 史 的 门 · 跨 越 西 方 建 筑 与 艺 术

起　　点

UN PRINCIPIO

庞贝：维蒂之家[①]

愿出入者平安

雷电属于朱庇特；三叉戟是尼普顿[②]的武器；强大的玛尔斯[③]手持利剑；长矛属于你，密涅瓦[④]；利伯[⑤]执葡叶杖冲向战场；阿波罗[⑥]拉弓射箭；赫拉克勒斯[⑦]手中的棒槌屡战不败；而硕大的阴茎令我丑陋无比。[⑧]

✦ 古罗马诗歌

① 维蒂之家位于意大利庞贝。——译者注
② 尼普顿是罗马神话中的海神。——译者注
③ 玛尔斯是罗马神话中国土与战争之神。——译者注
④ 密涅瓦是罗马神话中的手工、月亮、记忆女神。——译者注
⑤ 利伯是罗马神话中的酒神。——译者注
⑥ 阿波罗是古希腊神话中光明与预言之神，被称为弓箭之王、远射神。——译者注
⑦ 赫拉克勒斯是古希腊神话中的大力神。——译者注
⑧ 这是一首描写普里阿普斯神的古罗马诗歌，普里阿普斯是古希腊神话中的生殖之神，他以拥有一个巨大、永久勃起的男性生殖器而闻名。——译者注

随着一声巨响打破宁静，太阳瞬时被黑暗遮盖，空气中充斥着浓密的黑烟。硫黄的气味随之弥漫，一场大灾难发生了，万物生灵涂炭。短短几个小时内，蓝色变为灰色，天空变为地面，云朵变为灰烬。地中海的秋天消失了，取而代之的是地狱般的场景：树木被烧焦，花园里的草木灰飞烟灭，池塘中的水沸腾不已。在被柱廊包围的中央庭园，普里阿普斯雕像脸上的微笑隐去了，他似乎也试图逃离那处已经成为沸腾蒸锅的喷泉。

整个城市都笼罩在一片死寂之中。这寂静又密又厚，唯有骤雨般的石块持续发出的隆隆声打破了这沉寂。时不时地，某堵墙的倒塌或某处庭院的坍圮也会扰乱这种寂静。这座城市变成了只剩一支胜利队伍的战场，而在经过片刻的徒劳抵抗后，建筑物的屋顶也随着一声闷响倒塌在地。持续了仅几秒钟的爆裂声把庞贝埋葬在了长达几个世纪的黑暗中。这一声巨响，摧毁了所有的房屋，封住了城中所有的门，也埋藏了城市的记忆。

公元 79 年，庞贝古城毁于火山大爆发，这是人类历史上最著名的灾难之一。考古学家们向来认为古城附近的维苏威火山是在当年夏天爆发的，但最新的一些考古发现表明，火山爆发的时间为该年秋季或冬季。不过我们可以肯定的是，一个约有 20 000 居民的城市被埋在了一层泡沫岩和火山灰之下。公元 1 世纪的庞贝古城被彻底摧毁，但同时也被保存在了时间长河之中，所以在近 2 000 年后的今天，相较于其他古代城市，人们可以更好地研究和了解庞贝古城。

在漫长的一生中，我们最常穿过的门或许就是我们所居住的房屋之门。虽然我们几乎意识不到这些门的存在是标志着家庭空间和外部空间之间的那道屏障，但毫无疑问，它们肯定是我们一天之中穿过的最重要的屏障。因此，我们先从门入手，来介绍一座房子——这可不是普通的房子，它是当时最奢华、最令人震惊的房屋之一，也是庞贝古城的众多房屋之一。自 18 世纪中叶被发现以来，庞贝古城一直是一扇通往古代世界及探究其奥秘与历史的大门。

参观庞贝古城无疑是那不勒斯海湾之行的重头戏之一。我借住在阿列恩佐小镇的一对夫妇朋友家中，那次复活节假期于我而言是一次难得的机会，不仅让我认识了那不勒斯和它的种种奇观，还让我得以欣赏威严的卡塞塔古城、阿马尔菲海岸的迷人村庄，以及最重要的庞贝古城和赫库兰尼姆古城——两座被火山吞没的城市。

那天早晨阴云密布，我坐在前往庞贝古城的汽车上，暴雨似乎随时将至。果然，在马上就要到达古城遗址之前，倾盆大雨从天而降。我们只好在车里等了一会儿，直到暴雨稍歇；但当我们进入庞贝古城时，这场大雨像是给城市施了魔法。雨水令街道上的石头闪闪发光，水坑中闪烁着银色的晨曦，令人产生了一种奇特的感觉，仿佛那日有幸参观这座城市的我们是初次发现它的人。它洁净又闪亮，没有一粒尘埃，也寻不见任何一丝曾将它埋葬的灰烬。

要看的东西太多，一天的时间太短。这一刻我已经期盼了许多年，我急切地想要参观古城内琳琅满目的建筑，但这也意味着（几乎可以肯定地说）我不可能对这里的每件事物都给予足够的关注。广场、大会堂、豪华浴场、竞技场、神庙、市场、剧院……在近 2 000 年前，这里就已如此喧闹，而近 2 000 年后的今天，此处再次被游客填满。还有房屋，几十座、几百座古罗马式的房屋，有些几乎是完好无损的，马赛克和壁画似乎刚刚完工不久，雕像安置在庭院的花园中，门也仍旧无恙地镶在门框里。在所有这些房子中，有一座房屋位于城市的西北部，靠近城墙门口（经此可以离开庞贝古城前往赫库兰尼姆古城），它是这座古罗马城市中最豪华、最著名的住宅之一——维蒂之家。

古罗马的多姆斯[①]住宅与许多现代人居住的小公寓有很大不同。它们更类似大型的单户住宅，有数不胜数的、装饰繁复的房间，还有被喷泉和雕像填满的后花园——显然，只有古罗马社会

---

① 原文为拉丁语 domus，多姆斯在拉丁语中是“家宅”或“家庭”之意。在古罗马时期，多姆斯是上层阶级和中层阶级公民的住宅，广泛分布在罗马帝国的各个城市。——译者注

的上层人士才能居住在这种房子里。

维蒂之家被发现于19世纪90年代，其主人可能是古罗马时期的两个自由民，也就是被释放的奴隶“兄弟”，名字分别是奥卢·维蒂·康维瓦和奥卢·维蒂·雷斯特图提。在公元1世纪中叶，他们是十分富有的商人，人们一般认为他们是兄弟，不过至今谁也无法确定他们之间到底是什么关系。他们有可能确实是兄弟，但也有可能是父子，甚至有可能是原本属于同一个奴隶主的两名奴隶，获得自由后决定住在一起。可以确定的一点是，他们建造了一座极好的多姆斯住宅，具备那个时期的宏大古罗马住宅的所有特征，并且在公元62年的地震之后，他们又用所谓的第四风格[①]的奇特绘画对房屋进行了装饰。如今，若是有谁来参观这所房子，他尽可以在宽大的中庭漫步——近2 000年前，这栋房子的公共生活便是围绕着中庭展开的，他也可以走进装饰繁复的卧室和餐厅。他还可以参观房子的后花园，在廊柱和希腊风格的大理石雕塑中迷失方向，最后再穿过门厅来到街道上，而门厅中的壁画则是整栋房子甚至可能是整个庞贝古城中最引人注目的绘画。

这几年来，在我所举办过的有关艺术中的情色和性的讲座上，观众的反应往往都会令我吃惊。当然了，高中生对此的反应与大学生的反应是不同的，与文化机构人群的反应也不同。不过，当

① 第四风格又称“庞贝巴洛克风格”。——译者注

维蒂之家门厅处的装饰画被投影到大屏幕上时，人们的反应几乎相差无几。

画面中是一位留着络腮胡、安然自得的男人，他头戴一顶东方神灵特有的弗里吉亚帽[①]，左手倚在一块搁板上，右手拿着一架天平。到此为止，一切看上去似乎都很正常。事实上，观众一时之间都没反应过来这幅画的亮点在哪里。紧接着，观众中有人嗤嗤发笑，然后是一阵惊呼，因为他们发现画中的人物从腰部往下都是赤裸的。除此之外，他还毫无顾忌地展露他那巨大的、与身体完全不相称的阴茎，并把它放在天平上称重，天平另一端是一袋满满的硬币。这就是普里阿普斯神，一位与繁殖、生育力、财富有关的神。画面中还有一个满当当的水果盘，这让人立即想到丰饶杯或丰饶之角之类的象征。普里阿普斯是狄俄尼索斯和阿佛洛狄忒之子，是花园和果园的保护神，也是绵羊群、山羊群甚至蜜蜂群的保护神。然而，维蒂之家的住宅门口既没有山羊、绵羊，也没有蜜蜂。因此，这个普里阿普斯和他巨大的阳具，很可能担负着另一项任务：他的生殖器极有可能充当一个强大的护身符，能够起到辟邪的作用。

在世界各地、各种文化中，人们会用五花八门的装置、建筑、护身符或符号象征来守护大门。在古罗马，有一位专门执掌门户的神，即具有两副面孔的雅努斯（Janus），他是门户和通行的保

① 弗里吉亚帽在古希腊罗马文化中是东方的象征。——译者注

护神，同时掌管着开始。因此，拉丁语中的一月（Januarius）这个词也是源于他的名字，每个太阳历周期都始于此。这也就不难解释，为什么在几乎所有的欧洲语言中雅努斯的名字都和“一月”这个词息息相关——不过西班牙语中的“一月”（enero）一词丢掉了“J”这个能够明显暗示词源的首字母。“一月”在意大利语中是gennaio，在法语中是janvier，在葡萄牙语和巴西葡语中是janeiro，甚至在德语（Januar）和英语（January）中都有所体现。所有这些词，都是那位古老罗马神灵的名字的回声，他既面向过去，又面向未来；既看着门内，又看着门外。然而，在维蒂之家的门厅，并没有雅努斯的肖像，反而是有着硕大生殖器的普里阿普斯，这大概表明房子的主人想保护自己免受邪恶之眼[①]的伤害，并不太像在纪念掌管门户和开始之神。

对古罗马人来说，邪恶之眼是一个不争的现实。邪恶之眼介于迷信、宗教和巫术之间，实际上却又不属于这些现象中的任何一种，如今我们所说的邪恶之眼与古代庞贝时期的它相比十分不同。邪恶之眼在拉丁语中被称为fascinatio或fascinus，最初并不是我们今天所理解的自主的、有意识的诅咒。恰恰相反，任何人都可以不由自主地、无意中造成这种有害影响，而且通常它与强烈的嫉妒有关。因此，这种力量十分危险，而且经常会被认为招

---

① 在两河流域的古巴比伦、古苏美尔以及古亚述文化中都提到邪恶之眼的威力，人们甚至相信，邪恶之眼的传说可以追溯到旧石器时代。邪恶之眼恶毒的一瞥就能够造成不幸、疾病，甚至死亡，这在《圣经》中就有提及。中世纪时，人们认为女巫会使用邪恶之眼来对付那些跟她们作对的人。——译者注

致疾病、庄稼歉收、生意失利、军事失败或其他任何可能发生的不幸。毋庸赘言，不幸往往接踵而来，并且五花八门。这也就可以解释，为什么那个时代的迷信做法之一就是防范这种邪恶的力量，并尽量使其远离。那么，两个刚刚脱离奴隶籍、成功跃入上层社会不久的富商，想要将别人的嫉妒拒之门外，以防止被其拉入深渊，也就不足为奇了。同样，古罗马家家户户的大门比许多其他文化中的大门要更脆弱，因此各种形式的护身符都被放在家中大门上，也是完全合乎逻辑的。多姆斯住宅的入口处几乎总是开放的，而且住宅本身也设有一处公共区域，每日有几十人往来于此。若是其中有人怀有嫉妒之心，那么就可能招来不幸，屋宅的主人必须尽力消除嫉妒情绪带来的影响。

在世界各地的文化中都存在护身符一说。这几乎是一种共通的信仰，甚至在如今的现代社会，有关灵魂、巫术或神灵的事情早已淡出人们的视野，但护身符仍然存在。它们的材质和形状各不相同，有的形象，也有的抽象，小到可以随身携带防身保命，大到可以保家护宅，有的甚至还能保护整座城市。显然，古罗马人也使用护身符，随着考古人员对它们的研究日益加深，我们通过这扇窗，能够窥见那个遥远时代的社会中，人们的恐惧和疑虑。在古罗马人使用的这些护身符中，男性阴茎被专门用来抵御邪恶之眼，以至于 fascinatio 这个拉丁语到后来不仅仅指邪恶和嫉妒带来的影响，还用来指代男性生殖器。古罗马人甚至设计了一种用来保护门和门槛的特殊护身符——宗座铃，在那不勒斯国家考古博物馆里可以见到它们。通常来说，宗座铃用铜制成，它们的形状是一个个带着翅膀和动物蹄爪的巨大生殖器，上面还挂着一些小铃铛。当它们被风吹动或门的开合将它们摇动时，那悦耳的声响有助于驱除邪恶、嫉妒的情绪，也可以抵御邪恶之眼。我同样可以证实，在我所举办的每一个关于情色和艺术的讲座中，这些宗座铃的出现总是会激起大家的笑意，而笑容也是一道能够对抗各种邪恶和不幸的强大护身符。

但是，如果你认为生殖崇拜造像是古罗马独有的，那就错了。掌管生育和繁殖的各路神祇往往都与勃起的男性生殖器有关，而像古埃及神明“敏”[①] 那样的例子就能说明，这种象征性的联系绝非例外。有一点可以确定，那就是在古罗马，这类护身符是再普通不过的了。在庞贝古城，这样的例子数量繁多，以至于考古学家在 18 世纪和 19 世纪开展挖掘工作时，许多研究人员对这些图形产生了误解，还以为庞贝古城的居民普遍都淫乱污秽。由此不足为奇的是，当时的研究人员认为，维苏威火山爆发和随后庞贝古城的毁灭，是神对庞贝古城居民邪恶和淫荡行为的一种惩罚。直到 1825 年，意大利考古学家米歇尔·阿迪蒂发表了一篇名为《古代人用于抵御邪魅的护身符》的短篇研究报告，文章首次对那些图形的含义进行了深层解说。

多亏了这篇研究文章以及后续其他的分析，1894 年，维蒂之

① “敏”（min）是古埃及神话中男性生殖的守护神、沙漠旅行人的守护者，也是孩童的保护者。——译者注

家以及其门厅上的绘画被发现时，画中的普里阿普斯与抵御邪恶之眼的护身符完美地对上了号。事实上，他的形象和他硕大的生殖器起到了双重保护作用。一方面，这位神灵的形象可以给曾是奴隶的二人之家带去生育、财富和丰足，所以在这所多姆斯住宅的柱廊上发现了一尊同样有着比例失调的生殖器的大理石神像，也就不足为奇了。从维蒂兄弟二人在他们的房子为火山灰掩埋前不久所展露的财富来看，似乎他们对普里阿普斯的虔敬获得了很多回报。另一方面，这位神灵的硕大阴茎放置在房屋的大门上，或许能达到其他任何一个具有相同形状的护身符所能达到的效果：让不详和嫉妒之人在如此淫秽和搞笑的形象面前将目光移开，从而消除其邪恶的影响，保护护身符的主人。毫无疑问，维蒂兄弟二人的这个目的在乡邻之间实现了。而他们没能避免的是，附近的一座火山在多年后决定埋葬他们的房屋——不知是否出于嫉妒他们的财富和成功。

门是敏感脆弱之地。它是此界去往彼界的通路，是两种确定状态之间的穿梭，是边缘，是界限。一扇开启的门就是一次巡游的开端，同样，一本书的第一章节也是整个阅读旅程的起始。古代罗马人用护身符保护他们的大门，其中一些护身符十分引人注目，比如硕大生殖器，还有酒神狄俄尼索斯，而在本书的开始，我们就对其中一种进行了介绍。在所有这些我们将要去探索的大门中，我将维蒂之家选作我们经过的第一扇门。我希望由此祈求普里阿普斯神保护我们在此次旅途中不受任何危险的侵害。

我的庞贝之旅几近完美。随着雨水慢慢蒸发，水的光泽逐渐为一种熠熠生辉的古旧感所取代，它使眼前的遗迹看上去更加引人遐想。天空放晴，云层疾驰，尽管维苏威的山顶向来都是灰云密布。

凡是被我列在旅行清单上的地方，我全都去了：神秘别墅及其惊艳的壁画，那也许是古罗马时期最精美的；阔气的农牧神之家及其著名的伊苏之战镶嵌壁画的摹本，其所绘的是亚历山大大帝和波斯皇帝大流士三世的作战场景；酒馆和商铺；大街和小巷。然而，凡事不可能十全十美。当我们绕过维蒂之家大门前那条街的拐角时，几条塑料封令我产生了疑惑。投入庞贝古城遗址的修复和保护工作中的数百万欧元才刚刚开始显示其效果，而维蒂之家是首批要修复的住宅之一。我还是来得太早了。还有，这栋多姆斯住宅的入口处仅仅用一个简易的金属围栏挡着，更糟糕的是，再往前走几米，在入口处门厅的中间，绘有普里阿普斯的壁画被遮挡住了。在经过最初的失望和难过之后，我对自己说，命运刚刚给了我一个重访这座城市的理由。

神圣之门

UMBRALES SAGRADOS

安特克拉：门加支石墓[1]

风景里的脸庞

哈姆雷特：“你看见那片像骆驼一样的云了吗？”

波洛涅斯：“哎哟，它真的像一头骆驼。”[2]

✦ 威廉 · 莎士比亚

不仅从外向内看，也要从内向外看。

✦ 卡尔 · 荣格

① 安特克拉支石墓考古群位于西班牙南部马拉加省，是欧洲已知的最大古代巨石建筑之一，2016 年被联合国教科文组织评为世界遗产。安特克拉支石墓群包括 3 个支石墓，本文主要讲解其中之一：门加支石墓。——译者注

② 出版《哈姆雷特》——译者注

在瑞典的斯科克洛斯特城堡内，保存着意大利画家朱塞佩·阿尔钦博托最著名的作品。这幅《维尔图努斯》是1591年朱塞佩为当时的皇帝鲁道夫二世绘制的肖像画，画中皇帝的脸由水果和蔬菜组合而成，其中寓意再明显不过：肥沃和富足。两颗樱桃组成了哈布斯堡家族特有的凸起下唇，而鼻子则是一个威严的梨子，眉毛是两道金色的麦穗。鲁道夫二世肖像的其余部分有无花果、南瓜、成串的葡萄、闪亮的石榴和一条用鲜花替代宝石的项链。尽管各种各样的形状、质地和颜色混杂在一起，但任何看到这幅画的人，都能立刻在"这锅植物大杂烩"中辨认出一张人脸。

萨尔瓦多·达利的巨作《看海的加拉》也有异曲同工之妙，这幅作品挂在西班牙菲格雷斯的达利剧院博物馆的穹顶之下。当我们远距离观看这幅画时，构图就变成了亚伯拉罕·林肯的肖像画，画家用缪斯女神的头发充当了这位美国政治家的右眼。

以上两幅画作都是"空想性错视"的艺术典范，空想性错视是一种心理现象，即在随机的画面中看到自己熟悉的形象，这些熟悉的形象往往是人脸。把云的形状想象成动物，或是在墙上的霉斑中看到人脸，这些并不单纯只是儿童的乐趣，而是大脑在自动“编程”，即人类能够将他们每时每刻收到的数百万视觉冲动进行组织。视觉并非被动的，而是一种富有创造性的行为，并且似乎我们的大脑很乐意在其四周发现各种各样熟悉的脸庞，要说是为了纾解生命与生俱来的孤独感，也未可知。

萨满巫师结束仪式之后，建造便开始了。第一步是让门朝向远处的脸。与其他地方的建造不同的是，在这儿无须等待太阳从地平线的某个地方升起。那张脸一直都在那里，静静地矗立在平原之上，而且它将永远在那里，直至时间的尽头。在尽可能地将地面压平之后，青壮年们开始挖掘沟壕，族里的一位长老早已测好了精确尺寸，他测量的工具是一根时常系在腰间的草绳。沟挖好之后，工作地点转移到了采石场。把所有的大石块搬起来并运到指定地点需要更长的时间，把它们挨个放置好也非易事。全族的人都来帮忙，要么挥动木头制成的杠杆，要么拉动绳索，直到每块石头都嵌在地上并保持完美的直立状态。

石墓四周的墙建好后，大家用土将石块间的空隙填满，一直填补到和这些巨石墙持平的高度，因为要在上面放置更大的石板，以封住整个空间。水平石板被拖上去之后，将内部空间的沙土清空，这也许是整个过程中最不费力的部分了，但最后一步再次让人筋疲力尽。全族的人不得不又一次协力，用土把建好的石墓盖起来，在曾是一马平川的地方堆起一个小丘。萨满巫师在某个寒冷多雾的黎明完成了仪式后，逝者如今可以在石墓中安息了，他们若是通过石室之门向外看的话，就能看到地平线处雄伟的人脸轮廓。

门加支石墓位于西班牙马拉加省的安特克拉市郊，其建造时间大约在5 500年前，以上的文字描述的就是我想象中的建造过程。它与离它最近的维埃拉支石墓，以及离它稍远一些的埃尔罗梅拉尔圆顶墓共同构成了欧洲最杰出的巨石阵之一，前些年被联合国教科文组织列为世界文化遗产。门加支石墓自古以来就为安特克拉的居民所熟知，后者对其赋予了很多传奇色彩，而西班牙科学界直到1847年才着手研究这处石冢。研究学者拉法埃尔·德·米特哈纳发表的文章《关于在安特克拉附近发现的德鲁伊神庙的回忆录》，揭开了欧洲大陆上这座独特建筑背后秘密的帷幕一角。

门加支石墓是现存最大的支石墓之一。入口处极其宽大，3块大石板构成了大门，通向的是一条长约25米的走廊，走廊的深处稍有加宽。墓室的墙壁是由一些被称为“支石”的巨型石板构成的，而5块巨大的“盖石”则以一种极不寻常的方式被3根石柱支撑着，这3根支柱强化了整个建筑结构。在2005年的发掘工作中，人们在第三根石柱的后方发现了一口深达20米的井，这里也是整个建筑中被保护得最好的部分，时至今日，这口井仍在源源不断地给研究学者们带来惊喜。

支石墓或许是巨石建筑最壮观的表现形式之一。欧洲大陆西部的巨石建筑建于新石器时代及其之后的青铜时代，它们之所以如此杰出，有很多原因。这些巨石建筑十分悠久古老，目前已知的有建于 7 000 年前的实例。但支石墓、巨石柱和其他巨石阵之所以会在人类历史上留下深刻印记，是因为它们具有改造景观的能力。旧石器时代的人类居住在山洞里，靠狩猎和采集过活，为我们留下了阿尔塔米拉洞窟壁画、肖维岩画和拉斯科洞穴画这样迷人的画作，他们与自然和谐地共生共存。这些先祖在地球上迁移，却几乎没有留下任何痕迹、标志或记号。或许是因为他们人数稀少，所以改变不了环境，但可以肯定的是，这种想法不在他们的考虑范围之内。新石器时代的人类在与自然的关系上向前迈进了一大步。农业和畜牧业的发展表明，他们有能力为自己的利益支配自然力量，而在能够支配环境之后，随之而来的是人类对周遭景致的改变。他们建造起人工山丘，竖立起高达 20 米的巨石板，或将数百块岩石摆放成复杂的建筑结构，而这些只不过是人类对大自然进行改造的一部分行为。在此之前的数百万年中，大自然一直是块处女地。如果读者想知道人类是从什么时候开始对自然环境进行干预的，答案就藏在新石器时代的巨石建筑中。阿斯旺大坝的远祖并非古罗马的水渠，而是像门加支石墓这样的巨石阵。

巨石建筑的建造地址和建造材料并非随意选择的。对史前时代的人类来说，自然界充满了灵体和魔力，它们体现在一些大气现象或地形特征上。山丘、泉水、古树或外形奇特的岩石，都曾作为祭拜祖先和供奉远古神灵的特殊场所。随着时间的推移，人们在这些神圣的场地上建起了巨石建筑，为此，有时要去几十千米外的特殊场域搬来岩石和石块。因此，这些建筑中的一部分成为不折不扣的吸睛之地，吸引了无数来自远方的游客，也就不足为奇了。朝圣这种行为并不是中世纪才开始有的，在史前时代，已经有一些人为了到达某些圣地而历经艰难险阻。一名史前时期的男性，出生于欧洲大陆，其坟墓却在距离英格兰南部雄伟的巨石阵 2 000 多米的地方被发现，考古学家对此案例进行了广泛研究。这样的例子有很多，并且未来的挖掘工作肯定还会发现类似的例子。毋庸置疑，门加支石墓想必也发挥过类似的吸引力，因为即使在它建成 5 000 多年后的今天，它仍然是一块具有强大磁力的磁铁。

如今，参观石墓仍是一项迷人的体验。尽管近年来博物馆展览和宣传工作都有所进步，但没有什么能取代那种走进长廊内部并被成吨的岩石包围的体验。这处人工洞窟具有一股非同寻常的力量，以致几个世纪以来，它一直是各个社群的宗教活动中心，正是这些群体建造了这座石墓。石墓中保存着已故祖先的遗体，当他们穿过入口处的门槛时，就已远离了尘世，去往另一个世界。也因此，石墓的内部空间可以作为两种现实之间的一个中转站，作为阴间和阳界之间的一个接触点。所以石墓是一处神圣的所在，而非仅仅一座坟墓。它为死者提供住所，也是一座神庙、一方圣地。石墓作为一个大型的人工洞窟，将尘世和灵界联结起来，庇护着群体内的所有成员：已故之人、未亡之人和尚未抵达之人。

诸如门加支石墓这样的地方，似乎充满了永恒、无穷的能量。众所周知，这处石冢在新石器时代为几十代人所沿用，而到了青铜时代，它继续被人们使用，很多其他的支石墓也是如此。在古代巨石建筑旁边发现过一些古罗马人的墓地，这种祭礼在中世纪甚至还存在。有一些庙庵、小礼拜堂和教堂就是建在支石墓内部或上方，仿佛某种神圣流体在某些特定的地方涌动，让人类无法忽视它们的存在。

在门加支石墓的最深处似乎多少能够感受到这种能量，也就是那口 20 米深井所在的位置，它让我们与大地深处有了进一步联结。然而，门加支石墓带给游客的惊喜不止于此。当你探索过长廊的最深处，用指腹抚过时间长河粗糙的表面，石墓入口呈现出的意外景象又会击中我们的心底。当我们准备离开石墓时，在 3 块石板组成的入口处，出现了安特克拉的肥沃平原。在那平原之上，有一座人脸形状的山，既像在俯瞰地平线，又像在仰望天空，似乎已经沉睡了好几千年。

新石器时代的人类并不知道“空想性错视”这个概念，但这并不意味着他们没有与我们相同的感受：把岩石的形状想象成动物，在树影中辨认出人脸。这座山如今被称为“情人山”，想必它从几万年前开始，就已成为安特克拉居民的精神象征和文化景致。不管是从东边看还是从西边看，它的轮廓都是一个非常清晰的遥望苍穹的人头形象，我们可以辨认出这张脸的额头、高耸的鼻子、下巴和脖子。这座山的名字会出现在当地的歌谣和传说中不足为奇；但不寻常之处是，像门加支石墓这样的巨石建筑竟然分毫不差地正对着这座山。

剑桥大学教授迈克尔·霍斯金斯是世界考古天文学界最具权威的学者之一，他测量了欧洲各地数百座支石墓的朝向。他的研究表明，几乎所有的巨石建筑都面向东方，可能这个方向是建筑动工当天的日出方向。鉴于春夏两季族群会忙于农业活动，所以这些建筑的大部分朝向都对应秋冬月份的日出方向，因为这个时候群体可以全身心地投入建造。然而安特克拉的情况并非如此。显然，建造者决定将石墓的入口朝向这座富有特色的山，但并不对准这座石山的任何一点。当代研究表明，门加支石墓的入口轴线精确地指向人脸山的下巴。而这正是激动人心之处：将考古学、传说和景观结合在了一起。

中世纪晚期的一部传奇小说讲述了这样一个故事：一位信奉基督教的男子和一个摩尔人国王的女儿坠入爱河，他们宁愿一起私奔，也不愿意放弃爱情。在公主父亲的追捕下，他们在山中奔逃，一直逃到这个被埋葬的巨人的下巴处。被困于此，无路可走，他们决定跳入空无的山谷，死在对方的怀抱中。从那之后，这座山就被称为“情人山”。

故事到此就结束了，以下是考古和科学分析。近期的研究发现，在这对传说中的恋人的坠落地点，有一个带有壁画的史前洞穴；而更有趣的是，研究人员还发现了一些在门加支石墓建造之前就有的古老巨石建筑。支石墓是用来纪念先祖、保管先辈记忆的神圣场所，但也有一些支石墓是用来纪念其他一些更古老的圣地。把大石块从几千米远的地方拖运过来，就是对这些特殊圣地的致敬。将一处新的支石墓的入口对准某个古老的朝拜地，则是另一种纪念它的方式。中世纪的这个浪漫传说究竟是不是古老信仰的回声，这点已经无从查证。可能性比较大的是，门加支石墓是一串长长的圣地链上的某一环，在一条由高山、巨石、平原、记忆和大门构成的经线上编织着风景。

任何一个来参观安特克拉支石墓群的人，都会为这些石碑和景观的力量所震撼。当你下车漫步在巨石阵中，你几乎没有办法抵抗情人山轮廓的魔力；但是巨石阵中从任何角度看，都比不上从门加支石墓的内部向外观看这座山。在这里我们才能感受到，这座人类建筑物对大自然五体投地的赞美之情。门口的3块巨石板框住了整个景致，引导着我们的目光，仿佛是一枚史前取景器。在这本书后面的篇幅里，我们将会从建筑的外部对其大门和入口进行介绍，采用一种可以称之为“印象派”的视角，因为我们将会从外部进入内部；而门加支石墓则提供了一种视觉上和概念上的反转。

门槛的意义不仅在于我们跨过它，并进入石墓封闭空间的那一刻，也在于我们转过身来，并意识到门的边缘将外部空间限定的那一刻。在那一刻，我们的视角就变成了“表现主义派”，因为视角是从我们的内心出发，指向包围着我们的外部自然界，并使之更加圆满、完善。走出门加支石墓，情人山仍矗立在那里。当我们将这古老的入口抛在身后之时，那张脸庞仍以几个世纪不变的姿态望向天空，但它的轮廓似乎没有那么清晰了，颜色好像也没有我们通过石墓入口的取景框观看时那般浓墨重彩了。在这种时候，艺术和建筑就能够将自然之美提升到难以比拟的审美和情感高度。这种情况少之又少，但门加支石墓的入口无疑是其中之一，它让我们去欣赏它的美。

孔克：圣福瓦修道院

神话、诸神和超级英雄

神话的主要功能是为人类精神的进步提供象征性符号，从而抵御那些我们用来阻碍人类精神进步的其他幻想。

✦ 约瑟夫·坎贝尔

一道耀目的光芒将照亮天空，金色的云层中将出现救世主的身影。他身着紫色长袍，太阳和月亮伴其左右，他的右手指向天空，而左手指向大地。那时，他将联结天与地，沟通天界与地狱。与他一起从天而降的还有一支天使唱诗班，他们将吹响号角，宣告时间的终止；而另一群天使将带来基督受难的刑具：十字架和长矛，钉子和荆棘冠。在他的身旁，将会出现几个世纪以来一直在天堂陪伴他的圣徒们，他们穿着最好的衣服，戴着令他们像星星一样闪耀的珠宝和头冠。那时，死去之人将从坟墓中出来接受审判。他们的灵魂将一个接一个地被称重，义人将被接到天上的耶路撒冷，享受永恒的荣耀；而罪人将遭受无尽的痛苦和折磨。前者将永远生活在和谐与和平之中，而后者的痛苦将丝毫不减。淫荡好色之人将被裸体绞死，而暴怒之人将在似乎永不熄灭的火焰中灼烧。善妒之人被挖去眼睛和舌头，之后又会重新长出来，这样酷刑就永不结束。他们其中无一人会在撒旦的领地里得到救赎，而有着狰狞面孔、腐烂恶臭的撒旦将成为地狱的主人。

所有这一切将在时间停止之时发生，那时人类的历史也将走到尽头。所有这一切都被记录在《圣经》的书页里，但也被雕刻在了一些中世纪门廊的石头上，比如，位于法国小镇孔克圣福瓦修道院的一处门廊。

即使在今天，去孔克也不是一件容易的事。它的位置距离贯穿法国中部的几条主路有点远，游客需要放弃那些人车密集的大路，沿着小路蜿蜒前行才能到达这个迷你村庄。村子禁止驾车驶入，所以如果你没有赶个大早的话，就有可能没法在村庄入口处的微型停车场停车，并不得不走好长一段路。当你到达村子的中心，进入小广场，就能看到修道院的两座塔楼巍然屹立在此，巨大又厚实。建筑的外墙上几乎看不见窗户，而在应该是大门的地方，你所看到的是由一根粗柱子隔开的两个小门。在这两扇门之上，一弯圆拱荫蔽着门楣上的浮雕，保护它不受日光风雨的摧残，圣福瓦修道院的魔力尽在于此。

本章开头几段拙劣地致敬了翁贝托·艾科在《玫瑰之名》中对一处罗马式门廊的精彩描写。在这部小说中，这位意大利作家虚构了一座修道院，在其中展开了由犯罪、图书和谜团串起来的扣人心弦的情节。书中的故事并不是发生在中世纪欧洲的某个特定地点，而是为了完成这部小说中关于建筑的描写，翁贝托·艾科想必是从各种罗马式建筑中汲取了灵感，法国孔克的这座修道院无疑也是其中之一。

如今的孔克小镇只有不到300名居民，仅靠前来参观修道院的游客为生，而在几个世纪前，这里是重要的朝圣中心。866 年，圣福瓦的遗骸被运到这里，从那时起，村庄开始繁荣起来，而这之前几十年间，这里一直是修士们的家。这位圣徒的遗骸之前被安放在阿让[①]，阿瓦里西斯修士将其盗来并葬于孔克修道院，这一点听上去似乎令人难以置信，但抢夺圣徒骸骨在那个时代确实挺常见的。事实上，自从圣福瓦的遗骸到来之后，来此地的信徒数量只增不减，修道院的地位也与日俱增。随着圣地亚哥的朝圣之旅的开始，孔克成为众多朝圣者的聚集地，他们从这里出发，踏上通往孔波斯特拉的道路。于是，1040—1140 年，几位能干的修道院院长将孔克打造成了一处具有非凡意义的宗教中心，它的宗教地位体现在修道院的建筑风格和所收藏的珍宝上。奥多里克、埃蒂安二世、贝贡三世和波尼费斯只是这些主教中的 4 位，他们把圣福瓦修道院变成了一块吸引信徒的磁石，这座历史名建筑的建成，他们功不可没，至今仍吸引着来自世界各地的游客和参观者。

在门楣浮雕的中轴线上，全能基督的脚下，有一组引人注目的形象。一位穿蓝衣的天使手持天平，他对面是一个相貌丑陋、面带嘲笑的魔鬼，这两位在给死人的灵魂称重。这一场景被称作

---

① 阿让（Agen），法国西南部城市，法国南部阿基坦大区洛特-加龙省的一个市镇。——译者注

“秤心仪式”[①]，通常与最后的审判有关，也就是此处浮雕的内容。然而，创造这一场景和这些形象的并非只有基督教。灵魂称重这个故事在许多古代文化中都有迹可循，并且几乎总是与死亡和来世有关。

事实上，中世纪基督教艺术中对这段故事的表现方式，与早在 2 500 多年前就书写和绘制好的古埃及《死者之书》中的表现方式几乎相同。在这部古埃及新王国时期[②]著名的神秘文献中，记载着死者的灵魂在死后要面临的考验和挑战，其中有一段文字与孔克这幅浮雕描绘的内容基本相同。在《死者之书》第 125 节的插图中，我们可以看到死者由阿努比斯神[③]带领来到冥界，其灵魂被阿努比斯放到天平上，阿努比斯即是灵魂的称重师。如果称量结果对死者有利，那么亡灵便可以永远生活在冥王奥西里斯统治的国度；若是结果不利，死者的心脏将会被交给女神阿米特；阿米特长着狮子和河马的蹄爪以及鳄鱼的头，这位可怖的女神将会吞下死者的心脏，死者将无法获得永生。

我们在圣福瓦修道院的门廊上，几乎可以看到一模一样的内

---

① 原文为 Psicostasis。根据古埃及宗教，每一个人死后都要经过冥王奥西里斯的审判，审判时，死者的心脏被放在天平的一侧，另一侧放着代表公平和真实的玛阿特女神的羽毛。如死者的心脏和羽毛一样轻，代表死者是公正和真实的人，会被允许进入永恒的幸福世界；如死者的心脏比羽毛重，代表死者是不公正和作假的人，心脏会被撕碎并被旁边的野兽吞掉。——译者注

② 新王国时期是古埃及历史的一个时期，约在公元前 16—前 11 世纪。——译者注

③ 阿努比斯是古埃及神话中的死神，一位与木乃伊制作及死后生活有关的兽首之神，以胡狼头、人身的形象在法老的墓葬壁画中出现。——译者注

容。在蓝衣天使的下方，一群正直诚实的灵魂被带往天国的大门；而在魔鬼的下方，罪人的灵魂则被巨兽之口吞下，这真是不折不扣的地狱入口。这一巧合确实引人注目，但有趣的是巧合并非仅此一处。基督教文化中随处可见这类从别的文化中借用的图像，它们向我们证实了一个道理，很多时候图像就如同能量一样：既不会凭空生成，也不会彻底消失，只不过会被转化为其他形式。

一个新的文明在诞生之时，几乎不可能是从零起步的。艺术和建筑的历史是一张大网，由许多个世纪以来的影响编织而成，它还是一个由联系和往来构成的网格，表明人类是同一个整体，尽管有时候穿着不同的衣服。公元3世纪，基督教开始创造图像。这个新的宗教在此前的200年中几乎没有什么艺术表现形式，但是久而久之，早期的基督徒们开始构思如何表现他们的历史和故事。公元4世纪初，君士坦丁大帝承认了基督教的合法地位，从那之后，基督教的创造之路更是没有回头的道理了。信徒们建造起各种各样的教堂和神殿，而这些都需要用图像装饰。短短几个世纪，他们就得为一个新的宗教构思出一套图像体系；不过，这种创造也并不是从无到有的。基督教诞生在一个充斥着各种图像的时期。古埃及的庙宇中到处都是浮雕，古希腊圣殿里的雕像俯拾即是，古罗马的广场上遍地都是历史遗留下来的雕塑和柱子，而多姆斯住宅也无一处没有绘画的身影。早期的基督教艺术家们就从这些图像中汲取营养，然后从这场视觉的盛宴之中，诞生了一套图像体系，时至今日还装点着半个地球的教堂。

圣福瓦修道院门楣浮雕上的灵魂称重并不是唯一能够证明此事的例子，浮雕上的基督像也是从别处借来的。基督信徒在绘制耶稣基督的画像之前，谁也没有见过其真容，那些信徒们也未目睹过福音书中讲述的故事。信徒们不得不琢磨如何把语言变成图画，于是他们就从身边的艺术形式中获取灵感。全知全能的基督被设计成一位身穿罗马皇帝长袍的人，脸的模样是从被基督取代的诸神中的某一位那里借来的。如果想让基督看起来朝气蓬勃，那就把他打造成阿波罗的形象；而如果想让基督维持一种成熟弥赛亚的气质，就从宙斯或朱庇特那儿取点特征。圣母怀抱圣婴的画像可以直接追溯到埃及女神伊西斯怀抱荷鲁斯的形象，甚至圣福瓦修道院门楣浮雕上所有圣徒头顶的光环都早在罗马帝国时期就有了，那时这些光环的作用是为了突显某个场景中的重要人物。在艺术史和图像史中，没有什么是完全新颖的，我们总是可以顺藤摸瓜找到其源头所在。但如果我们觉得这种借用是遥远的古代独有的现象，那就大错特错了。如今人们仍在绘制现代画像，虽说创造新神的时代早就一去不复返了，但是人们打造新英雄的热忱从未消失。

由杰瑞·西格尔构思、乔·舒斯特绘制的超人，就是超级英雄的现代版。超人的形象在 1938 年 4 月 18 日第 1 期《动作漫画》中首次亮相，自诞生之日起就获得了不同凡响的成就：先是受到了美国读者的喜爱，后来热度又遍及世界。身穿蓝色战衣、紧身短裤和红色披风，超人的形象看上去有些滑稽，但如果我们仔细想一下，就会发现超人是从古至今神话英雄这道链条的最后一环。我们在创作一个新的形象之时，也会回顾过去。有很多历史学家把超人的形象与人类几千年来所讲的一系列神话故事联系起来，几乎在各种文化的故事和传说中都存在着一些原生动机。渴望永生，在一场大灾难中幸存下来，或是超越了自身局限，这些都是世界各地神话中常见的元素。

在西方文化中，这些原型故事发生在一些经典人物身上，比如赫拉克勒斯、忒修斯和阿喀琉斯，但也对应着北欧神话中的人物或美索不达米亚文化传说中的主角。在超人身上可以看到所有这些人物的影子，但这个形象借用了《圣经》和基督教的一些元素。挪亚和超人都在星球的一场大灾难中得以幸存，前者从地球洪水中脱身，后者幸免于氪星毁灭。摩西和超人都被自己的父亲抛弃，之后也都被某个外族家庭收养。在超人漫画的一些版本中，故事开始时，超人要么是 33 岁，要么就是在地球上生活了 33 年，这个数字与传统上认为耶稣死亡时的年龄一致。甚至从这位英雄本来的名字中，都可以看到向《圣经》典故的致敬。在连环画中，超人出生在氪星，名叫卡尔 - 艾尔（Kal-El），这个名字无疑会引发惊人的联想。被天主教会承认的 3 位大天使分别叫作米迦勒（Miguel）、加百列（Gabriel）和拉斐尔（Rafael），这 3 个名字的最后两个字母与超人名字“Kal-El”的词尾完全相同，因为在腓尼基、希伯来和阿拉伯文化传统中，“El”这个词缀是一种非常古老的对神的称谓。所以在这些文化中，很多指涉神灵的名字和词语都有“El”这两个字母，也就不足为奇了。更为有趣的是，这位现代版的超级英雄同样也被他的创造者冠上了这样的名字。

在凝望着一座罗马式建筑正面墙上的基督像时（比如圣福瓦修道院的这幅像），我们必须意识到，我们面对的是一种具有历史厚度的表现形式，同时也是几千年传统的一部分。赫拉克勒斯、某个罗马皇帝、作为弥赛亚救世主的基督和超人之间有共同之处，这乍一听似乎有些荒诞，但几个世纪以来，塑造它们的那种构思，其实比我们想象的要相似得多。不管怎么说，英雄、神话和诸神都是我们人类一手创造出来的，而古人与现代人之间比我们有时认为的还要相似得多。

庞大的人类族群在长达几千年中既不会读也不会写。在古代，字母是如何发明的，以及图书馆的诞生历程，都在这本绝妙的《书页中的永恒》中，经作者伊琳娜·瓦耶荷之口娓娓道出。这本书精彩绝伦地讲述了书面文字是如何永远地改变了世界，以及纸莎草卷轴和羊皮纸手抄本，是如何使文字脱离了口头传述这种虚无缥缈的存在形式，成为一道道墨水笔画的印记。

在雕刻圣福瓦修道院的门楣浮雕时，能够看懂书面文字的人还很少。如果说在古典时期，总人口中有较多的人能够阅读和书写，那么西罗马帝国的崩溃对欧洲文化来说，则意味着几乎致命的打击。几百座图书馆被烧毁，成千本书被损坏。古希腊和古罗马的智慧成果几乎消失殆尽，只有几所修道院和几处偏僻的机构得以将亚里士多德、盖伦[①]和欧几里得的只言片语保存了下来。之后的几个世纪中，几乎无人能够读懂这些纸页上的文字、标点和符号；而在几个世纪前，人类可是用这些文字、标点和符号讲述了无数的神话传说……但是教会需要继续将故事讲下去。于是图像就成为故事新的讲述形式。图像创造了一种所有人都能明白的简单语言，尽管现在很多人已经丢失了用来读懂图像的密钥。

宗教在很多国家日常生活中的存在感越来越小，这无疑是件好事，因为每个人向哪位神仙祷告应当是件私密的事情。如果说日渐世俗化、远离宗教的社会真的有什么缺憾的话，那就是新生代对几乎所有的基督教图像都不够了解。曾经在几个世纪中让所有人都能一目了然的那种视觉编码，如今已渐渐被人遗忘。作为一名艺术史教授，我每年都要与这件事情做斗争，而随着时间的推移，日益明显的一点就是，新来的学生对宗教故事和这些故事的艺术表现形式更加不了解。像圣福瓦修道院门楣浮雕这样的存在，对中世纪的人来说就是一本打开的书。那时的人可以在这本石头书里，辨认出艺术家们雕刻的、而后又用鲜艳的颜料涂画的每一个人物形象和每一条信息。像圣福瓦修道院门楣浮雕这样的

① 盖伦（129—200 年），古希腊的医学家及哲学家。——译者注

存在，对如今很大一部分人来说，都是无法弄懂的谜团。面对这个刻在石头上的谜，人们很难理解上面的人物和行为所暗含的意义。我们丢失了密码，就像中世纪的很多人不识字一样，现如今能够破解图像之谜的人也是凤毛麟角。

尽管如此，人们还在继续创造视觉语言。近一个世纪前，匈牙利艺术家拉兹洛·莫霍利-纳吉就说过，未来对文盲的定义并非不识字或不会写字，而是那些无法读懂图片含义的人。100年后的今天，他的预言变为了现实。几百万的年轻人，如今已不仅依靠文字和词语进行沟通，而且还使用照片和视频。甚至近几年的智能手机也催生了一种新的通用语言——表情，这种语言由许多各种表情的脸、手势和卡通小图案组成，人们如患强迫症似的把这些表情发来发去，用于传达我们时刻变化的心绪。似乎人类不止喜欢通过声音和纸面文字讲故事，还喜欢运用图像。待我们下次再看到一处类似圣福瓦修道院这样的罗马式门楣浮雕时，不妨想一想，一幅中世纪的基督像、一张超人插画和一个黄色笑脸表情符号之间，是否有比最初看上去要多得多的共同点。所有这些都在给我们讲述故事。它们中的每一个都是某种视觉语言的一部分，试图解释世界以及发生在我们身上的事情。它们只不过是人类的自画像罢了。

罗马：哈德良万神庙门廊

从方到圆，
从此处到彼方，
从大地到天空

宇宙是所有的现在，所有的过去和所有的未来。我们对宇宙稍加思索，都会让我们战栗不已：我们感到一种刺痒充斥着我们的神经，一种缄默的声音，一种轻微的感觉，仿佛来自一段遥远的记忆，又仿佛我们从高处坠落。我们知道，我们正在接近最伟大的奥秘。

✦ 卡尔 · 萨根

那些石块相当于帝国的一份文书和一张地图。

✦ 玛丽 · 比尔德

晌午时分，炽热几乎令人难以忍受。这些红色的山丘似乎要化为能够摧毁一切的熔岩之河，就像不久前维苏威火山周围发生的情况那样。春末的那段时间里，必须尽力把活干完，这样一来，巨石块才能在丰水期来临之时被运到河边，而那时恰好是天狼星重现地平线之后。金属工具撞击花岗岩的声音不绝于耳，叮叮当当的声音就是大家伙干活的节奏。数百人被皇帝直接派去埃及克劳迪安山的采石场劳作。

几个月前，人们接到命令，要开采建造 8 个超过 12 米高、直径为 1.5 米的大圆柱体所需的石材，据说这些石头将用在罗马正在建造的一座新神庙里。尽管传言纷纷，但在罗马帝国的这个偏远角落，在这个距尼罗河 160 多千米、去帝国首都要花好几个星期的地方，当务之急是完成采石场的开采工作。

花岗岩坚硬无比，以致有时候工具会损坏，造成工期延后，而这是不被允许的。把大石块从山上拖下来进行雕琢，这样就稍微分散了它们的重量，然后再将其运送至河边。劳工们经过数日的疲惫与辛苦，来到了已处于丰水期的尼罗河河岸。最复杂的工作已经完成了，或许还没有。把石块装到船上可不是一件容易事，已经有不止一人葬身在岸边的淤泥里。顺流而下到三角洲的这段行程比较安稳，不过将石块转运到商船上并在地中海航行也非易事。夏季的暴风雨也具有致命性，尤其是船只绕着西西里岛航行的时候。但当船开始向北走时，最糟糕的那段旅程就算彻底结束了。

抵达奥斯提亚港口后，这些石块再次被转移到河船上，并沿着台伯河逆流而上，几个小时后，最终在距离奥古斯都陵墓很近的地方被卸下。从那里再到建造中的新神庙，只需要再将石块雕琢几个小时，然后再经过一小段陆路运输。当然，它们不再是平躺的状态，而是被立了起来，此后的近 19 个世纪里，它们一直保持着屹立的姿态。

对一些地方而言，抵达的时间至关重要。就像运输花岗岩石块需要参考尼罗河的丰水期一样，借用著名摄影师卡蒂埃・布列松的话来说就是：每件事情都有它“决定性的瞬间”。然而，在探索一座建筑时，重要的不仅是时间，还有方式，或者地点。就拿罗马的万神庙来说，这件事可能更加重要。我曾多次探访过这里，其中许多次是作为临时导游，并且我总是让同行的人尽可能地站在令他们印象深刻的视角观看。有 8 条街直通向万神庙门前的罗通达广场，但不是每条街都拥有令人震撼的观景角度。罗通达大道和密涅瓦大道是从万神庙的后方过来的，这样一来，惊喜的意味就消失了，任何一丝可能的惊奇感也被抹去了。其他街道在距离巨大门廊只有区区几米远的地方与广场交会，而罗塞塔大道和万神庙大道是从正面通向万神庙，这样的话，从远处就能看到这座建筑，它所特有的那种雄伟就无法被感受到了。每次参观万神庙，我都尽量通过朱斯蒂尼亚尼大道进入罗通达广场。这样一来，当我转过拐角，将视线移向右方，巨大的门廊就会豁然现于眼前，在它的后面，是一个球面的、近乎星体状的硕大穹顶。

很少有比万神庙还要奇特非凡的罗马式建筑。或许有人更钟爱罗马斗兽场那鬼斧神工的规模，或是位于蒂沃利的哈德良别墅的精湛。对我而言，万神庙是迄今为止保留下来的罗马建筑中最好的那座。如今我们参观的这座万神庙已经不是第一座建在此处、也被叫作万神庙的那个建筑了。最初的万神庙是公元前25年左右由马库斯·维普萨纽斯·阿格里帕主持建造的，他的岳父是当时在位的开国皇帝奥古斯都大帝。根据已有的考古挖掘结果，我们可以肯定，最初的万神庙与现在的没有任何关系，因为它的朝向是相反的，并且平面图也完全是矩形的。80年，提图斯皇帝在位时期，那座万神庙在一场大火中被焚毁，后来大概是被继任皇帝修复，即提图斯的弟弟图密善。最后，哈德良皇帝在上位的最初几年重新修建了一座新的神庙，而这座神庙却在之后成了他留给历史的最宝贵遗产。这座建筑不仅仅是一堆混凝土、砖块和石头的混合物。这座神庙力图在墙壁间涵括整个宇宙，并且也成功地做到了这一点。

游客如果是从建筑正面的某条街道进入广场，首先映入眼帘的就是入口处的高大门廊。那里矗立着8根灰色的花岗岩石柱，来自埃及克劳迪安山的采石场，这些石块被用来充当万神庙前殿柱子的柱身。从正面来看，万神庙具有传统式的外观。古典建筑手册会毫不犹豫地将其定义为八柱式门廊，柱子采用科林斯柱式[①]，门廊上部是一面三角形山墙，上面的图案如今已模糊不清，但据说上面曾经是用镀金铜做的一只鹰和一个王冠的形象。在前排 8 根石柱的后面，屹立着另外 8 根红色花岗岩柱子，它们也是出产于埃及，只不过是来自著名的阿斯旺采石场，这个采石场早在古代法老时期就被人们开采使用。由于地面的升高，如今的万神庙看起来几乎是陷进了广场深处，但在建造之时，它的样貌可是与现在完全不同：几级如今已经消失的台阶将门廊抬高，形成一个比现在更窄的广场，后面的圆顶被门廊遮挡得几乎看不见，这样想必打造出了一种迷人的惊喜效果。如果前殿柱子的高度和原计划中的一样，这种效果会更胜一筹。目前的研究表明，这项工程最初计划采用的柱子，比最后决定使用的柱子要高，最初的计划没能执行，人们不得不对建筑进行改造。看来，从克劳迪安山的采石场到罗马，并非事事都能完美。

如果说万神庙前殿还有什么令人回味的话，那就是位于柱头上方、三角形山墙下方的那条壁缘上的拉丁文题铭。这几个铜做的大字母一度令史学家们误解了好多个世纪，因为按照铭文内容，万神庙的建造时间恰好就是马尔库斯·阿格里帕第三次就任

① 科林斯柱式，源于古希腊，是古典建筑的一种柱式。——译者注

罗马执政官的时候。显然，铭文上的时间对应的是奥古斯都大帝时期的原始万神庙的建造时间，但是这个信息直到19世纪才被参破，时至今日，有时人们还称呼其为阿格里帕万神庙。哈德良是万神庙真正的功臣，他决定将原始建筑的碑铭保留下来，将其置于他所重建的神庙前面。一位罗马的皇帝竟然决定给自己的伟大建筑作品冠上他人之名，这确实令人震惊，并且更奇怪的是，铭文上的这个人，也就是阿格里帕，连一天的皇帝都没当过。这就显示出几个世纪以来，罗马文化对奥古斯都时期以及奥古斯都本人的敬重，达到了何种痴迷程度。甚至对一位出类拔萃的统治者来说也不例外——如哈德良本人。

哈德良是大家最熟悉的罗马皇帝之一。尽管对大众来说，他可能并不像疯疯癫癫的尼禄皇帝，或是被理想化的奥古斯都大帝那么有名，但是他的形象在社会上有一种强大的吸引力。这就可以归功于一些历史学家的成果，比如爱德华·吉本的不朽著作《罗马帝国衰亡史》，或者是玛格丽特·尤瑟纳尔于1951年出版的小说《哈德良回忆录》。爱德华·吉本声称哈德良是自己最喜欢的皇帝之一，这或许可以解释为什么自此以后，对这位皇帝的正面看法在历史学家中占了上风，因为自18世纪末以来，《罗马帝国衰亡史》这部作品获得了极其重要的地位。而比利时女作家尤瑟纳尔凭借《哈德良回忆录》一书的文笔和销量，成功地将哈德良的形象根植于人们心中：一位有学识、热爱文学艺术、沉迷旅行、善于思索的人道主义皇帝。显然，尤瑟纳尔的视角是把一个优点与缺陷并存的人物理想化了，但众所周知，好的故事往往有着强大的力量，特别是如果它们掺入了适当剂量的真实与想象。似乎可以肯定，哈德良出生在一个西班牙家庭，他的出生地在伊达里卡，这座古代罗马城市的遗迹距离现在西班牙塞维利亚省的桑蒂蓬塞很近。哈德良是图拉真皇帝的表侄，图拉真在世时就对哈德良大为赏识，哈德良于 117 年 8 月继任皇帝，在任时间将近 21 年。

此处不适合回顾哈德良的生平及统治生涯，但不妨对几处细节进行说明，从而给我们本章介绍的这座建筑增添一些背景知识。所有关于这位皇帝的传记都强调了他对希腊文化的喜爱，以及他对旅行的热情，据估计，他在位期间几乎有一半时间不在罗马，这与以往任何一位皇帝相比都是不同寻常的。他游历过的地方包括但不限于不列颠尼亚、毛里塔尼亚、帕提亚、埃及、犹太，他尤为喜欢希腊，曾去过多次，并在那里留下了能够证明他的亲希腊主义的大量实据。哈德良几乎没卷入过战争，这与上任皇帝图拉真完全相反，后者是历史上最为骁勇善战的皇帝之一，而哈德良皇帝把大量的财力都付诸土木工程与建筑。在所有遗留至今的哈德良主持兴建的建筑中，比较知名的是标志着罗马帝国北部边界的哈德良长城，还有力图成为帝国缩影的哈德良别墅，以及一座代表着全部创造物的、宇宙般的万神庙。

漫步在万神庙门廊的石柱之间，任何一位参观者在建筑的雄伟规模面前，都会感受到自身的渺小。在距离前殿边缘只有几米远的地方，可以看见两扇被浮雕和大理石板围绕的青铜大门。它们也是万神庙的一个谜，因为它们无论怎么看都很古老，并且早在15世纪就有关于它们的记载，但我们无法确定它们是否属于原始建筑的一部分。从那里开始，我们与奇观之间只有几步之遥。万神庙的内部景观即便不是完美的，也接近于完美了。

现在读者应该已经感受到我在谈论这座建筑时的激情了，我相信，任何一个在石柱之间、圆顶之下驻足几分钟的人，都能理解这种激动之情。在青铜大门的后面，是一座巨大的建筑杰作，在它建成后的1 500多年里，没有哪座建筑的规模和特点能与之相提并论。难以与之比肩的是其形式上的纯粹性。这座巨大的圆顶有近44米高，而令人惊讶的是圆顶的直径也恰好是这个数字。巨大的半球形屋顶由一圈环壁支撑，而这层环壁与人们想象的相反，并非实心。设计这座建筑的人成功打造了一面带有开口和壁龛的内墙，壁龛内部放置的是一些原本用于供奉罗马神灵的祭台，因为万神庙这个名字本身就是指各路神灵，它并不徒有虚名。

解释这一工程奇迹是如何做到的，就有些远远超出本书的讨论范围了，但我每年都很乐意用一整堂建筑史课来讨论这个话题。在这里只需提及一点，即该建筑的结构是三个因素精妙组合后的结果。第一，巧妙地采用了嵌入墙体内的用于减轻重量的拱形结构。第二，墙体和穹顶的厚度越往高处越薄。最后一点就是混凝土成分的不同，地基采用了沉重的石灰华，穹顶的上部采用的是轻盈的浮石，中间的过渡部分是多种类型的砖块碎石。

神奇之处就在于，这些都是眼睛所看不到的。它的魅力在于，穹顶内部的形状是如此和谐，看起来几乎不像是真实的。所有参观者的目光都会聚集到穹顶上。在20多米的高处，墙壁开始向内弯曲，装饰不见了，取而代之的是一张几何网格。28列四角形的凹格分成5圈，升向穹顶高处，在那里我们将会看到这座建筑最后的惊喜之处。在穹顶的中心，有一个直径为9米的圆洞，光线从这里进入，偶尔能够清洗罗马空气和石头的雨水也从这里落入，这一点我有幸见证过，很多人也为此感到吃惊。

除了建筑在几乎各个部分体现出来的精湛技术之外，万神庙成为一件超越建筑局限的伟大作品，还得益于一些特别之处。事实上，整座建筑都是一个具有象征意义的艺术品。它的设计理念将具有强大象征意义的几何元素与宇宙和天文概念相结合，将万神庙塑造成宇宙的形象。整个圆顶都是苍穹的一种建筑表现。5圈凹格代表的是5颗主要行星：水星、金星、火星、木星和土星，而28列指代的可能是月球周期的天数。在圆顶中心的最高处，圆洞象征太阳，在整个建筑中占主导地位。人们认为起初每个凹格中都有一颗镀金的铜制星星，这样的话，整个形象就会更加鲜明，圆顶与天穹之间的联系就再清楚不过了。然而，这个设计缺少一个重要的元素：地球。说到这个，几何学和它的各种象征就派上用场了。

许多学者认为存在4种基本的几何象征符号：方形、圆形、十字架和中心。除了十字架之外，其他符号都可以在万神庙中找到，其中方形和圆形更加显而易见。在世界各地的许多文化中，这两个几何图形之间的象征性联系是相同的。自远古时期以来，圆形就一直是苍穹的象征，是精神的象征，是天空和神灵领域的象征。圆没有开始也没有结束，因此传达的是永恒、永久的概念。东方的曼陀罗或伊斯兰装饰中的圆圈只是这一普遍象征意义的两个例子，在万神庙中，这种象征意义以穹顶圆洞的形式，与行星、月亮和太阳联系在一起。

方形则是大地的体现。人类在大地上的生活都是在以 4 个为一组的节律和元素的基础上展开的。4 个季节，4 个坐标基点，还有从天堂中心的生命之泉流淌出来的 4 条河流，或是用来保存法老内脏器官的 4 个卡诺匹斯罐。甚至四福音书，或四活物[①]，它们都继承了这些古老的概念，将其应用在新诞生的基督教中，后者将会取代万神庙内供奉的诸神。在这座建筑内，方形并不像圆形的数量那么多，但考虑到这是一座神庙，那也就不奇怪了。即便如此，直到今天，我们还是可以在建筑最初的大块彩色大理石地板上找到方形，每日仍有成千上万的游客踏足其上，地板上方形与圆形相结合，综合了整座建筑的终极奥义。这个奥义就是以一座巨大神庙的形式，将尘世与天堂结合在一起，并且更重要的是，这座庙宇不仅为神而设，也献与所有的凡人。

---

① 《启示录》4 章 7 节："第一活物像狮子，第二个像牛犊，第三个脸面像人，第四个像飞鹰。"——译者注

关于学者和研究者们分析了几十年的象征符号，我们就说到这里。这些内容是对我多年来阅读的数千页文字的提炼，并加上了一些简短的个人思考，希望能丰富我所讲述的内容。现在，我想说一下万神庙门廊中还可能隐藏着的一处象征意义。这是一个假设的、与矿石有关的象征意义，它在这座建筑所蕴含的丰富意义之上添砖加瓦，而万神殿显然超出了我们的视线与理解范围。

历史学家玛丽·比尔德在她的《罗马元老院与人民：一部古罗马史》一书中提到，罗马帝国的强大，不仅是靠那些展示军事胜利的图画来体现——上面绘着被斩首的野蛮人和凯旋的罗马军团。古罗马的重要建筑所采用的珍贵材料也彰显出一种帝国凌驾于全世界的威严。不管是多难弄到的大理石，都会被运去古罗马，用来装饰剧院或庙堂；任何珍稀矿石最后都可能成为古罗马帕拉蒂尼山的某座多姆斯住宅的马赛克的一部分。

万神庙门廊所用的材料也是如此，这或许是我们漏掉的最后一个象征符号了。我们在前文已经提到了那些构成大柱子柱身的、埃及的灰色、红色花岗岩，但是我们对门廊剩余部分所用的材料只字未提。我希望读者能够原谅我将这一信息留到最后才说。万神庙门廊的柱基、柱头、柱顶盘和三角形山墙是用彭特力科大理石雕刻而成，这大概是整个古典时期最珍贵、最有名的大理石材。这种如雪般洁白闪耀的石头产自古希腊彭特力科山的采石场，雅典卫城的许多建筑所使用的材料就是它，这也是它经久不衰的名气来源。在同一座门廊，古希腊的大理石与古埃及的花岗岩完美融合了。古希腊的清晰柔和，配合上法老国度的坚硬恒久。哈德良万神庙是否在传达古罗马文化本身的一些底蕴？一座近2 000年前的建筑能否凭借它的建造石材传递这样的信息？我们永远也不会知道这点，但仅是这种可能性的存在就值得我们发挥想象力。

这里就必须坦白一下我最后一个小伎俩，当然，也可以把它理解为有意识的、蓄意的遗忘。虽然我在上文解释过，万神庙中的方形图案不像圆形那样多见，但在此处我要坦诚地说，这并不是全部事实。方形图案尤其体现在万神庙的门廊上，以及将我们从古埃及克劳迪安山采石场带到此处的大门上。事实上，万神庙的矩形前殿与内部的圆形大厅相辅相成；建筑物的正面是方形，穹顶是球形，两者结合，象征大地和天空。当我们从广场进入万神庙，就像是完成了一段富有象征性的历程：从尘世的短暂进入精神的恒久。穿过万神庙的大门，也隐喻所有跨过这个门槛的人，都完成了一次真正的“化圆为方”[①]。

① 化圆为方是古希腊尺规作图问题之一，即：求一正方形，其面积等于一给定圆的面积。

威尼斯：圣马可大教堂

西方世界中的东方

天堂是什么样的？我希望，就像威尼斯，一个到处是意大利男人和女人的地方；一个被使用和磨损的地方；一个你知道包括天堂在内什么都不会持久的地方；一个到头来这些根本不重要的地方。

✦ 罗贝托·波拉尼奥

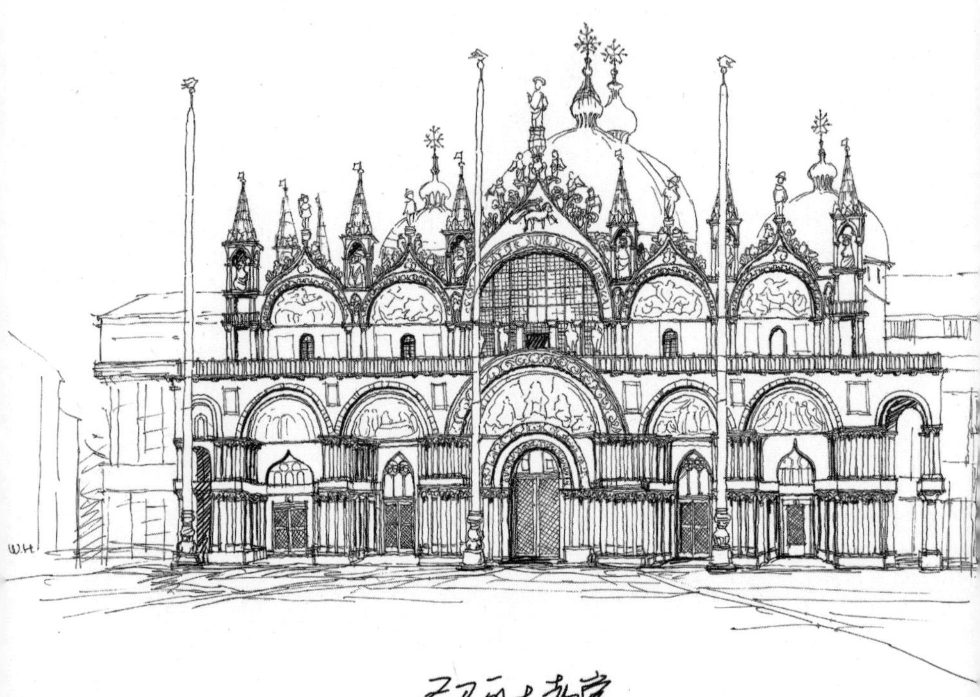

圣马可大教堂

尽管世界从来没有像今天这样：如此四通八达、如此全球化，但自古以来贸易网络、交通路线和枢纽城市充当着不同文明之间的联系纽带。

在欧洲人发现美洲之前，广阔的欧亚大陆在地理位置和文化意义上被分为两大部分：东方和西方。从遥远的中国到葡萄牙的里斯本，已知世界的两端相隔数千千米，这一广袤空间中的各种文化却一直在互通有无。在美索不达米亚平原的考古发掘中，发现了距今 3 700 年的丁香等香料，丁香只生长在东南亚的几个岛屿上，至今没有人能够解释它们为何会出现在这里。中国的丝绸为古罗马人所熟知，阿富汗的青金石被制成群青色的颜料，用来装饰欧洲成千上万的艺术品。

鉴于其优越的地理位置，一些城市成了东西方往来的必经之地和文化的熔炉。撒马尔罕、巴格达、大马士革、君士坦丁堡……经由丝绸之路往来东西方的财富和商品，汇聚在这些城市之中。但在欧洲，有一个城市作为一个开放的贸易和国际大都市脱颖而出，这个地方就是威尼斯。来自遥远中国的绿松石和瓷器、印度的香料、土耳其的地毯、水晶雕刻的拜占庭高足杯以及各种奇珍异兽，纷纷抵达威尼斯的码头。威尼斯是中世纪欧洲的一个大型百货集市。威尼斯如同一个珍宝箱，在这里你能找到任何超乎想象的珍品。威尼斯是一座码头，也是一扇大门；是一处市场，也是一个门槛。长达几个世纪，东方文化与西方文化在这座城市散发的熠熠光芒，点亮了威尼斯的条条水道。

一想到曾在威尼斯生活过，我就很开心，尽管那已经是20多年前的事情，并且我只在那里待了两周的时间。当我再次来到这座城市，漫步在圣毛里齐奥区并看到那扇熟悉的窗户（我曾透过它观看圣斯特凡诺教堂倾斜的钟楼）时，我还是会激动不已。我曾在那儿待了15天，每个上午都奉献给了铜板雕刻和印刷，周围堆满了铜板、酸洗液、清漆和油墨。当国际平面设计学院工作室的大门打开时，大运河的光辉似乎充满了整个房间。乘坐“水上巴士”的游客们从总督宫前经过，向我们打招呼，与班里的同伴吃过午饭后，我有一整个下午来探索这座城市。我爱上了圣扎卡里亚教堂中贞提尔·贝利尼的一幅画作里的光线，我也目睹过多加纳岬角的壮丽日出；我在丁托列托的油画中迷失了自我，托尔切洛的圣玛丽亚阿松塔教堂里的马赛克画《最后的审判》也让我震撼不已。然而，尽管这可能会听上去有些平庸、可以预见或毫无新意，我还是想说，如果说有什么画面是我在威尼斯待过的这两周里感觉印象最深刻的，那就是被黄昏余晖照亮的圣马可大教堂的外立面，除此之外别无其他。

如果把整个威尼斯比喻成一场真正的视觉盛宴，那么圣马可大教堂或许就是它的主菜。这座建筑融合了罗马、哥特、拜占庭和文艺复兴的元素，是城市本身的一个完美象征。如今的圣马可大教堂始建于1063年，它的前身是一座更小、更朴素的教堂，自828年起用来供奉圣马可的遗骨。在此之前，两个威尼斯商人从埃及亚历山大里亚将圣马可的遗骸偷运到了威尼斯，这一点可以证明圣马可大教堂的财富和地位其实是有源头的，尽管这一源头多少有些可疑。不过，威尼斯人偷走的不只是圣马可的遗体。11世纪的圣马可大教堂的主体结构是仿照君士坦丁堡的圣使徒教堂所建，而威尼斯与君士坦丁堡的关系，在长达几个世纪中都非比寻常。但是，威尼斯人并不总是把非比寻常的关系理解为友好合作的关系。1094年10月8日，圣马可大教堂完工并接受祝圣，它的平面布局结构呈希腊十字，上面覆盖了5个大圆顶，当时教堂内部已经开始用有金箔背景的镶嵌画进行装饰，教堂至今仍以这些镶嵌画而闻名。第一批镶嵌画可能是由来自君士坦丁堡的工匠们完成的，用于装饰教堂内部的一些艺术品也是来自君士坦丁堡。教堂外部的装饰也是拜占庭式，尽管在这个时候威尼斯人没法出示采购发票。

在整座教堂中，如果想要感受时间的流逝，想要观看教堂的不同建筑风格和建造阶段，没有比教堂正立面更合适的观赏点了。圣马可大教堂的正立面被冠以三角山墙、尖塔和晚期哥特式的墙脊装饰，矗立其后的是具有东方特色的5个圆顶，其装饰物之纷繁，令人目不暇接。整座教堂的外层都采用豪奢的材料，看上去更像是一个巨大的珍品匣或珠宝盒，而非一座宗教建筑，中间的大门则汇集了更为有趣的艺术装饰。在色彩斑斓的大理石和雕塑丛中，有几个元素可能会被人们匆匆略过，然而它们具有非凡的象征意义。那就是在位于大门两侧的10根柱子，其中有8根柱子是一种浓烈醒目的红色，仿佛真的是用石化血液雕刻而成。它们用斑岩制成，这种材料可能是当时最珍贵、最受欢迎的岩石。

斑岩是一种硬度极高的红色岩石，在那个时代人们会将它与紫红色联系在一起，而紫红色这种颜料极为难寻，它具有一些独有的特点。不论是斑岩还是紫红色，都被视作地面与天空联结的象征，并且从古典时期开始，它们就被用在跟皇室有关的事物上。在古罗马，人们给皇帝举行凯旋仪式时，后者穿的袍子就是紫红色。之后出现在法国孔克的圣福瓦修道院门廊上的基督像，穿的也是紫色衣服，而拜占庭皇帝君士坦丁七世降生的寝宫也是用紫色的斑岩装饰，他因此得一绰号："生于紫室者"。霍亨斯陶芬王朝的腓特烈二世和拿破仑·波拿巴的石棺也是用斑岩雕成的。

威尼斯人把8根极为珍贵的斑岩柱子放在大教堂的正门处，就是想要模仿所有这些王室和掌权者。尽管今天很少有人能够解读隐藏在这些石头上面的象征含义，但是在当时，威尼斯的每一个居民，想必都为他们的国家能有实力用斑岩装饰这座教堂的大门而感到自豪。然而这些红斑岩的柱子并不是教堂正门唯一让人感到自豪的地方。如果你稍稍远离教堂正立面，向广场中央走近一点，再看这座教堂之时，你就会看到4匹与真马同等大小的铜马，它们位于教堂正门的上方，似乎在站岗放哨。与红斑岩石柱一样，这4匹铜马也是在大教堂完工一个多世纪之后才来到威尼斯的。驷马铜像于13世纪现身威尼斯，其背后是一段充满背叛和欺骗的历史，是一个持续了几个世纪、有关丑行和耻辱的故事。

经过几天紧张的等待后，这天早上天亮后阳光明媚，可以下令进行第二次进攻了。依靠强风的助力，进攻的战舰靠近了城墙，并突破了重重防御。几个十字军和威尼斯士兵设法进入了墙内，于是战斗变成了徒手的殊死搏斗。拜占庭皇帝的皇家近卫队——由维京人和盎格鲁－撒克逊人组成的瓦兰吉卫队竭力进行抵抗，但十字军部队逐渐控制了城市的北部。

布兰克尔纳宫是进攻者占领的第一座重要建筑；他们将其作为前线阵地，在接下来的几个小时里发起最后的进攻。皇帝在前一夜就逃走了，因此在战斗结束时，拜占庭的皇位已空荡无人。城市一片混乱，无人管理，在接下来的3天里遭到了残酷的洗劫。法兰克和威尼斯士兵肆无忌惮地烧杀抢掠，全然不顾他们正在洗劫的是一个信奉基督教的城市，他们进入教堂和修道院，不放过任何一件珍宝，任何试图阻止他们的人都被杀死或强暴。一场大火加剧了这场毁灭和灾难，经过4天的围攻掠夺，曾是世界上最为繁华的都市之一的君士坦丁堡变成了废墟。

1204年的第四次十字军东征攻下君士坦丁堡，无疑是整个中世纪最可耻的事件之一。至于为什么这支原本打算攻占圣地的十字军军队，偏离了方向并洗劫了君士坦丁堡，人们已经对各方面原因进行过深入研究，但对我们而言，根本原因是威尼斯在其中的作用。威尼斯和拜占庭之间的关系向来十分特殊。这丝毫不妨碍又老又瞎的威尼斯执政官恩里科·丹多洛率领他的军队对付这个这么多世纪以来一直是威尼斯忠实盟友的城市。

如果非要坦言的话，历史学家声称，在这场洗劫中，威尼斯军队表现得要比他们的队友好一些。法兰克士兵把他们看到的所有金属制品尽数烧熔，完全不在乎这些物品是否有丝毫的艺术或宗教价值；而威尼斯士兵呢，他们或许更有素质、更有文化，因为他们大规模地抢夺那些艺术珍品。在长达3天的毁坏和劫掠中，古典时代的一些杰出作品永远地“香消玉殒”了。自君士坦丁大帝时期以来，这座拜占庭首都就成了一座名副其实的露天博物馆，古希腊时期、希腊化时代和古罗马时期的雕塑，与埃及的方尖碑以及来自基督教世界各个角落的遗物，都共存于君士坦丁堡。从君士坦丁堡的宫殿和教堂中偷走的珍品价值，如今已不可估算，但有一点可以肯定，倘若没有这场掠夺，威尼斯的财富和光芒将远不如现在。

几十件具有非凡工艺和艺术水平的礼仪器物，也从东方来到了威尼斯，还有成千上万的柱头和柱子，有古代的，也有中世纪的。被抢来的还有西方人从未见过的圣像和绘画，以及彻底改变了这座潟湖之城时尚风格的、丰富的珠宝和服饰。整个威尼斯凭借从君士坦丁堡抢来的成果将自己装扮一番，而圣马可大教堂就是汇聚了这些艺术珍品最多的地方。事实上，不管是正门的斑岩柱子还是覆盖在门上的几百块各种样式的大理石板，还有位于教堂南立面的著名的“四帝共治像”紫斑岩雕塑，都是从拜占庭的建筑上偷来的。当然了，还有将我们的话题引到君士坦丁堡的那4匹青铜马。

4匹马用镀金青铜制成，被做成真马大小，并可以确定是罗马帝国时期的产物，它们是古典时期保留至今的唯一的一套驷马铜像，价值连城，因此君士坦丁命人将它们放在大赛马场的中央。驷马铜像对威尼斯人来说也是价值连城的，他们从君士坦丁堡回来后，就把它们放在圣马可大教堂正门的上方，想要展示一下威尼斯也变成了一个新的拜占庭。18世纪末，拿破仑又抢走了这四匹马，把它们带去了巴黎，如今，驷马铜像的真品被保存在教堂内部，这些事实无不体现了铜像所具有的非凡价值。然而威尼斯人偷来的不止有大理石、古董、雕像和珠宝，他们还偷走了一本书——一本十分古老、意义十分重要的书。当我们穿过教堂的大门时，那些令我们感到惊艳的马赛克镶嵌画就是以此书为范本。

不管我们从教堂的哪个门进入，都不会直接进入教堂内部，而是先进入一个叫作前廊[①]的空间。与拜占庭的教堂相同，威尼

---

① 前廊，教堂入口处与教堂整个宽度一样长的狭窄走廊，通常有廊柱或拱顶。早期基督教教堂和拜占庭教堂，只允许尚未受洗者和忏悔者在前廊礼拜和忏悔。——译者注

斯的圣马可大教堂也有这么一处横亘在世俗外界和神圣内部之间的通行地，它的前廊是整个建筑最神奇的空间之一，虽然游客们都从前廊经过，却没有给予它应有的关注。

前廊建成的时间要比教堂剩余部分晚一个世纪左右，它的装饰可谓是极尽奢华，若要说最突出的，当属前廊那些有着金色镶嵌画的拱顶和圆顶。拱顶上的画面描绘的是《圣经·旧约》中的故事场景，前廊这片空间是游客进入教堂内部，接受感官和精神双重体验之前的预热。前廊位于外部光线和内部阴影之间，仿佛是两个现实之间的过滤器，并且《旧约》的故事也是发生在福音书的故事之前——站在教堂内部的大穹顶下，你将会看到后者。前廊的马赛克镶嵌画分布在 100 多块彩绘板上，这些彩绘板是整个大教堂最珍贵的部分之一，原因有二。一方面，它们是 13 世纪的产物，并没有像建筑中的其他部分那样经历过大幅度的改造。其次，它们所绘的画像也意义非凡，因为它们所依据的范本是整个基督教世界最古老的范本之一。事实上，画面中的场景取自这本从君士坦丁堡偷来的书:《科顿古抄本》。

《科顿古抄本》可能写于 5 世纪的亚历山大里亚，它在当时被认为是已知最古老的插图书之一，因此人们靠它来了解早期基督徒创作的图像，不失为一份完美史料。这份古抄本最初包含近 350 幅与《创世纪》有关的插图，其中的很多被原原本本地搬到了圣马可大教堂的前廊上，用闪亮的镶嵌片和金色背景打造而成。一幅幅被金色光芒包裹着的镶嵌画，讲述了上帝创造世界，讲述了亚当和夏娃被逐出伊甸园以及挪亚、摩西和亚伯拉罕的故事。不幸的是，这份古抄本被1731年的另一场大火吞噬了，这次的火灾发生地是收藏古抄本的一所英国图书馆——科顿图书馆。幸运的是，当我们抬起视线，凝望圣马可大教堂门后的这些画面，我们就可以了解到1 500多年前的那些图画是什么样子，它们虽然在抢劫和掠夺中得以幸存，却没能逃脱火灾的破坏。

当人们终于穿过前廊进入圣马可大教堂的内部时，就会目睹另一场“大火”。不过这场大火的烈焰既不会燃烧，也不会破坏，而是令人惊诧。金光炽焰将站在巨大穹顶下的人们团团包裹，穹顶贴满了亮丽的镶嵌画。这些金属质地的火焰好像也随着我们的走动而移动，行走时，我们已被那些从高处观察我们的成百双眼睛催眠。这种感觉难以描述，它甚至已经超越了纯视觉的体验。站在大教堂的中央，不难理解黄金的光芒对那些男人和女人而言所具有的精神意义和神秘气息。自古典时代末期开始，早期基督教遵循新柏拉图主义思想，将神性与光亮联系在一起，但光亮不仅是指太阳的光辉，也与贵重金属、水晶和宝石的光彩相关。这就解释了为什么人们使用金、银和珐琅来制作成千上万件的礼仪器物。这也解释了为什么中世纪福音书的书页精美绝伦，闪耀着光芒，以及为什么这些书用奢华的封面装订保护起来，仿佛它们是珠宝盒一般。最后，这还解释了为什么这么多拜占庭教堂、神庙以及圣马可大教堂的镶嵌画使用的是金色背景。

威尼斯是一座充满各种门和出入口的城市。每栋房子、每座宫殿都有两扇门：一扇通向街道，另一扇通向水道；一扇用来走路，另一扇用来行船。整个城市曾经都是一扇向东方敞开的大门，来自遥远陌生国土的奇珍异宝，通过这扇门抵达了欧洲。但是除了这些实在的、建筑的和贸易的大门，威尼斯还拥有其他一些可能不是很显眼，但意义非凡的门。圣马可大教堂本身就可以视作通往另一个现实的入口。经由这扇门，我们暂时脱离了那种我们生活其中的自然状态，被传送到另一个不同的界域。很多人会把这种体验定义为精神体验，对另一些人来说是宗教性的体验，甚至还会有人认为是艺术的、审美的体验。这另一种现实的入口之门就藏在斑岩的血红、大理石的雪白以及镶嵌画的金色光芒之中。

哈布城：拉美西斯三世陵庙

一个美好谎言的不可言说之美

人撒谎最多的时候是选举前、战争中和打猎后。

✦ 奥托·冯·俾斯麦

我们的生命如同

流入大海的河流，

海即死亡；

高官显贵们奔向彼处，

在那里衰亡、殆尽。

✦ 霍赫·曼里奎[1]

① 霍赫·曼里奎（Jorge Manrique, 1440—1479 年），文艺复兴时期西班牙诗人和军人。——译者注

拉美西斯三世陵墓

许多游客的埃及旅行都是从卢克索开始的，这座城市建立在新王国时期上埃及首都底比斯的遗址之上。参观的顺序很少有变动，这样是为了不让游客把古迹围得水泄不通，因此每个游客在主要景点只能停留几分钟。恢宏的卡纳克神庙有着令人印象深刻的大柱厅；规模较小却同样迷人的卢克索神庙里，则遍布古代法老的巨大雕像；帝王谷的神秘陵墓中四处都是浮雕和壁画，其光辉和色泽在几千年后的今天仍完好如初；往昔如天堂般的哈采普苏特陵庙，如今它的四周是一片雄伟的岩石景观；还有气势威严的门农巨像。

游客们往往天不亮时就起身出发，用一个上午筋疲力尽地把上面这些景点全都走遍，在这过程中，无数奇观异景映入眼帘，令人目瞪口呆，游客被搞得晕头转向。区区几个小时的观赏过程中，导游们会坚称，感兴趣的游客可以在卢克索待上一个多星期，慢慢探索这里的遗址、神庙和陵墓，但在这种紧锣密鼓的行程中，就得对景点进行一番挑选和删减了。他们还会声称，刚刚参观的这个景点是完美展现这一尼罗河地区法老文化的重要遗址。但他们有可能没完全说实话，因为很遗憾的是，许多参观卢克索的旅游团都把一个地方排除在了行程之外。这实在是一件憾事，因为拉美西斯三世陵庙可以作为底比斯古都一日游的完美结尾。

拉美西斯三世陵庙距离门农巨像仅有1 000米，旅行社都把这个地方抛之脑后，显然是件不可思议的事情。我就比较幸运了，因为我参加的那个旅行团是包含这个景点的，所以我能够在几乎全然安静的氛围下参观此处。那些与我一起早上6点就开始跋涉的游客中的大多数并不打算偏离原路线，去看一眼这个名叫哈布城的小地方，而那片奇特的建筑群就位于哈布城的边缘。也正因如此，那个上午即将结束时，我在一小撮朋友和家人的陪同下，穿过了这个地方入口处防守的大门，接下来在埃及的一周，我也是与他们一起度过的。进入拉美西斯三世陵庙后所感受到的那种震撼力，完全不输其他那些更有名、参观人数更多的遗迹，比如埃德夫神庙和康翁波神庙。通过大门进入一片开阔的空地，空地尽头矗立着的就是陵庙的第一座塔门[①]，其背后是荒无人烟的山脉的岩石峭壁，帝王谷的法老墓穴就开凿于此山中。尽管是建于3 000多年之前，建筑结构还是保存得很完整，唯有几处部件的缺失，让我们与这座新王国时期埃及神庙的原貌差了一步之遥。

① 塔门（pylon）是古代埃及神庙最具特色的部分之一，形状类似上端被截去的金字塔，呈厚墙状，成对竖立在古埃及神庙的主入口两侧，两个塔楼中间的空间是进入神庙的大门。——译者注

如果说门加支石墓与自然环境之间有着不同寻常的密切联系，那么在拉美西斯三世陵庙，这种联系是不一样的。哈布城的这座神庙并非与周围环境有所关联，而是力图化身成它四周的风景。用来形容这类埃及建筑正立面的专业术语就是“塔门”，它的形式显然具有象征含义。塔门呈一座高大的被截断的金字塔形状，由两侧较高的塔楼和一个较低的中部空间构成，通往神庙内部的入口就在塔门中间。这种建筑的隐喻是显而易见的。塔门两侧的高塔代表着位于尼罗河两侧、绵延几百千米的两条山脉，而塔楼中间的空间则象征尼罗河的河道。在古埃及，尼罗河是名副其实的生命与死亡的轴线，塔门这种建筑就把尼罗河与神庙的入口联系起来，尼罗河本身也是通向国家财富、居民安乐和埃及文明的大门。塔门与其他的建筑元素组合在一起，形成了一种强大的象征意义。高耸的旗杆、细长的方尖碑和巨大的雕像组成了各个神庙的正面，它们如同一个个的戏剧舞台，宗教游行和仪式就在此处上演。

埃及塔门还有一处亮点，它看上去或许是最不起眼的，但有可能是传达信息最多的。高大塔门的墙面上刻满了浮雕，不仅是外侧、开放的那一面上有浮雕，而且内侧、隐秘的那一面上也有，因为神殿内部的很多地方是禁止古代埃及平民参观的。浮雕被涂以鲜明的色彩，描述的场景要么是对神殿所侍奉神灵的崇拜，要么是对命令修建神庙的法老的赞扬，拉美西斯三世神庙就属于第二种情况。这些浮雕画的设计初衷是，即使在埃及的炎炎烈日下也能被辨认清晰，而拉美西斯三世陵庙的浮雕则完美地展示了一幅幅力图让这位法老深入民心的图画。浮雕完成于 30 多个世纪之前，因此是使用图画来打造我们如今所说的公众舆论的一个例子，也就是所谓的宣传工作。

36 岁那年，委拉斯凯兹已从意大利学成归来，收获颇多，这位塞维利亚的艺术家此时正处于人生的黄金时期。如今他已经坐稳了王室御用画师的位子，在 1635 年之前，他接到了第一份重要的历史画委托。布恩雷蒂罗宫王国大厅的装饰在历史上无疑是数一数二的，为了装点这座大厅四周的墙壁，腓力四世要求全国最优秀的画家为其作画。苏巴朗、卡尔杜丘和马伊诺都被国王选中了，但是最重要的任务将会落在国王最喜欢的画家——委拉斯凯兹身上。腓力四世的军队攻占布列达已经是 10 年前的事了，但是那次军事胜利带来的影响仍然余音袅袅。事实上，这次战功已经催生了各种各样的戏剧作品、纪念性图画以及庆祝活动，但令它永载史册的是这位塞维利亚画家的作品，这是真正的艺术所产生的力量。

几个世纪以来，《布列达的投降》与委拉斯凯兹的其他画作一同在普拉多博物馆展出，无疑是巴洛克绘画最优秀的典范之一。这幅作品有着无与伦比的绘画技巧，并且绝妙地捕捉到了人物的面部表情，不仅是真正的大师级作品，也是一个精心编织的谎言。这类谎言更加难以识破，因为其中夹杂着事实的碎片。诚然，安布罗西奥·斯宾诺拉[1]的部队成功地击败了拿骚王朝的胡斯蒂诺率领的士兵，甚至也可能真的发生了与画中内容类似的情节：战败者将城市的钥匙交给了胜利者，而后者则向他表示尊敬。

然而，这并不是唯一的历史真相。《布列达的投降》被挂到王国大厅墙上之后不久，奥伦治-拿骚王朝的弗雷德里科·亨德里克[2]就收复了布列达，西班牙王室曾经赢得的荣耀因此沦为了对过去的回忆。拉美西斯三世手下的雕刻师也在哈布城陵庙的浮雕中采取了类似的做法，只不过要比委拉斯凯兹将历史巧妙地美化为艺术早了27个世纪。引用马克·吐温（此人无疑是被引用最多的作家）的一句话，那就是“历史不会重复，但会押韵”。

像拉美西斯三世这样的法老不需要参加任何竞选，但确实参加过很多场打猎，并且不止一次在战场上战斗过。拉美西斯三世是古埃及第二十王朝第二位法老，很多历史学家认为在拉美西斯三世统治时期，埃及就开始走下坡路了，这种衰落的迹象持续了1 000多年，直到罗马征服埃及。拉美西斯三世在位32年，但是这些年并不安稳太平，而是完全相反。得益于各类史料来源，我们能够准确、具体地重建拉美西斯三世的统治时代，然而历史文献向我们讲述的内容与法老陵庙入口处的浮雕内容并不完全一

---

① 安布罗西奥·斯宾诺拉（Ambrosio Spínola, 1569—1630年），出生在热亚那，金羊毛骑士团、圣地亚哥骑士团成员，具有“伟大的将军”之称号。他是西班牙的知名将军，并为西班牙王室赢得许多重要战役，是西班牙军事史上最伟大的将领之一。——译者注

② 弗雷德里科·亨德里克（Friderik Hendrik, 1584—1647年），尼德兰政治家和军事统帅，他的封号包括奥伦治亲王和拿骚伯爵。——译者注

致。这位法老在位期间有 3 件大事发生：战争、罢工和谋杀。

那次战争无疑是古代最广为人知的战争之一，哈布城陵庙塔门上的浮雕，也是后人用来了解那次远古战争的极为重要的信息来源。被广泛接受的一种说法是，在拉美西斯三世在位的第八年，这位法老在一次军事行动中领导埃及人民抵抗著名的海上民族入侵。

关于这些海上民族，还有许多未知信息，同时也有很多理论解释了他们的出现，以及他们在公元前第二个千年末期进犯地中海东岸地区所产生的影响。对于这些海上群体的身份，学者们众说纷纭，但似乎可以肯定的是，他们的组成并非单一，而是由不同来源和背景的民族群体组合而成。还有几乎可以肯定的一点就是，公元前 1200 年开始的海上民族大举入侵，是造成一场史无前例的文明大崩塌的原因之一，这场历史性灾难规模如此之大，以至于在一些历史学家（如英国历史学家大卫·阿布拉法亚）看来，这是整个古代历史上最大的灾难，甚至比罗马帝国的灭亡还要严重。只用了短短 50 年左右，整个地中海东岸的所有城市就都化为了废墟。这次毁灭影响到了古巴比伦王国和赫梯王国，也影响了安纳托利亚和腓尼基海岸的居民。除塞浦路斯外，这片区域所有的文字和陶器都消失了；贸易丧失，宫殿废弃；文化和艺术经历了衰退，之后历经几个世纪才得以恢复。古希腊的黑暗时代来得猝不及防，当文明之光再次照到古希腊的城市上方时，已是几个世纪之后了。

要说古埃及没受到这场大灾难的影响，那是不可能的。正因如此，拉美西斯三世才不得不赶到他在近东的领土，保卫他的帝国边界，虽说那次军事行动可以判定是成功的，但埃及之后再也没从这场打击中恢复过来，这也是确凿的事实。如果拉美西斯三世在抵抗海上民族的战争中没取得胜利，古埃及文明很有可能早就灰飞烟灭了。大抵是由于这个原因，陵庙入口处的浮雕才把拉美西斯三世描绘得像一位真正的英雄，一人可敌万夫之勇。

浮雕画上的拉美西斯三世身形高大，要么正用大头棒击退几十名敌军士兵，要么指挥一辆战车，用它粉碎敌人的防线。在这些画面中，我们可以看到这位法老不仅击败了海上民族，也击退了利比亚、努比亚和叙利亚的军队，他的形象是一个绝对的胜者，没有表现出一丝一毫的羸弱。这些画面向我们展示的是一场只有一位胜者的战争。在这些浮雕中，死亡对埃及军队来说似乎是不存在的，仿佛自家军队没一人流血就打了胜仗，仿佛埃及在这场战争中耗费的巨大兵力人力都被抛之脑后。事实上，为了抵抗海上民族的入侵，拉美西斯三世不得不从他在安纳托利亚的领土上撤兵，好将兵力集中在靠近尼罗河的地区，而之后的任何一位法老都没能收复那些失去的领土。这些苦难的历史丝毫都没在浮雕画中有所体现。因此这些画面只是讲述了一部分的事实。但这还不是全部，游客就不要期望在拉美西斯三世陵庙的门口浮雕上找到任何有关其他两件大事的描述了。

如果说拉美西斯三世的统治时期是以战争作为开始，那么他的统治末期国家则更加动荡不安。在他去世前不久，拉美西斯三世经历了历史上第一次有记载的罢工。给拉美西斯三世修建灵柩和陵庙的工人和手工艺者靠他们的劳动来换取口粮，但是口粮迟迟不发，他们再也忍受不了了。粮食短缺的原因可能是一些遥远的、看似毫不相干的事件，比如冰岛的一次火山爆发就会导致到达地面的阳光减少，使粮食产量减少，并且这种影响会持续数年。也有可能战争耗费的财力对埃及的生产体系造成了破坏。可以确定的是，那些居住在如今被称作代尔麦地那[①]的顶尖工匠们决定奋起反抗法老的权威，这在许多个世纪之前是根本无法想象的事情，因为那时君王的形象是不可撼动的。正如我们所看到的那样，拉美西斯三世并非陵庙塔门上所绘的那种堪比神明的超人，并且他生命中的最后一件大事恰恰导致了他的死亡。

都灵司法莎草纸卷现在被保存于意大利北部城市都灵那杰出的埃及博物馆中。对不了解古埃及文字的人来说，这份几米长的莎草纸卷轴丝毫不能引起他们的兴趣，不像诸如《死者之书》那样的古代文本一样有插图和绘画。尽管如此，它仍是一份价值非凡的文献。这里面记录了发生在古代底比斯的某次审讯的细节；这次审判的是几名与所谓的“后宫阴谋”有所牵扯的人；在这场审判中，那些被指控密谋杀害拉美西斯三世法老的人被判处了死刑，刺杀的地点就是陵庙旁边的宫殿，而拉美西斯三世再也没能跨进自己陵庙的大门。

---

① 代尔麦地那（Deir-el-Medina）是工人村（现为考古遗址）的现代阿拉伯名称，这里是底比斯工匠的家园，他们在附近的帝王谷和皇后谷建造和装饰了皇家陵墓。——译者注

这次暗杀的策划者和头目是泰伊和彭塔沃瑞特，前者是拉美西斯三世的一位妻子，后者是她的儿子。泰伊想要让自己的儿子登上法老之位，而法老的合法继承人是拉美西斯三世另一位妻子的儿子，因此泰伊决定刺杀拉美西斯三世。许多世纪以来，人们一直认为这次密谋并未取得成功，因为拉美西斯三世的继任者是他的合法继承人，也就是后来在位的拉美西斯四世，但是到了2012年，一切都不同了。

一组国际研究人员对法老的木乃伊进行了细致的鉴定，发现尸体颈部有一道很深的伤口，很可能是刀片割伤，并且据研究组长艾伯特・辛克看来，这个伤口会让人立即毙命。貌似从这个意义上讲，谋杀是成功的，因为法老死得尤为惨烈。然而，泰伊、彭塔沃瑞特和近40名被判处死刑的人，没能阻挡拉美西斯三世的合法继任者登上王位。他们也没能将有关这位法老的记忆抹去，因为人们还是会把他的名字与他那宏伟的陵墓联系在一起，与他下令在埃及各地建造的每一座建筑联系在一起。最重要的是，与哈布城那座神话般的陵墓联系在一起，在拉美西斯三世死后3 000多年的今天，他在陵庙塔门上的形象仍然令我们印象深刻。

在卢克索以南500千米的地方，坐落着宏伟的阿布辛贝神庙。拉美西斯二世命人在尼罗河西岸的山体岩石上，开凿出一个巨大的神庙，神庙正立面为4座巨型拉美西斯二世坐像。天亮时观赏阿布辛贝神庙，或许是所有游客埃及之行中最难忘的时刻之一，不管是哪位导游，都会向游客解释神庙与太阳运动的关系：每年中有两天，旭日的金光会在清晨射入神庙大门，抵达最深处的圣地。在那里，阳光会照亮殿堂 4 座神像中的 3 座，分别是阿蒙·拉神、拉·哈拉赫梯神和被神格化了的拉美西斯二世，而冥界之神普塔赫则被留在了阴影之中。还可以确定的是，游客将会听到在阿斯旺大坝建造期间神庙被迁移的事情，这一伟大惊人的工程之所以能够实现，还要多亏了几十个国家的齐心协力。

导游们可能不太会提到阿布辛贝神庙内部很多地方装饰着的浮雕画。在画面中，伟岸的拉美西斯二世在著名的卡迭石战役中打败了赫梯王国的军队。与约一个世纪后拉美西斯三世在战争中的做法相似，拉美西斯二世指挥着一辆战车，手持一把巨大的弓箭射击，抓住一队敌军的头发并用大棒击打他们，总之，他被描绘得像一位神，独自一人便可击退一支队伍。这些浮雕存在的唯一的问题也与哈布城神庙入口处浮雕画的问题差不多，因为埃及在卡迭石战役中远非获得了压倒性胜利。事实上，这场战役是古代战役中被研究最多的一场，它之所以非常著名，主要是因为双方最后打成了真正的平局，并在战后缔结了历史上最早的和约。

正如我们看到的这样，图画又一次对我们故意撒了谎，不管是拉美西斯二世、拉美西斯三世还是腓力四世。阿布辛贝神庙内部的浮雕，哈布城神庙塔门上的场景，还有委拉斯凯兹的《长矛》[①]，

---

① 《布列达的投降》又名《长矛》（*Las Lanzas*）。——译者注

这3个例子展现了权力是如何几乎从未准确地利用图像来传达符合历史事实信息的。这3个例子也说明了这些图像蕴含的巨大力量。

参观哈布城神庙的游客都会对拉美西斯三世的统治有所误解。整个建筑群的宏伟壮观以及塔门入口处繁复的浮雕画，都向游客隐瞒了拉美西斯三世的军事行动带来的一系列问题、工人的罢工和这位法老惨遭谋杀的结局。尽管如此，有一个细节通常不会被人注意，却意味深长。回到本章的开头，我们看到，如果想进入陵庙的内部，就必须通过一个巨大的防御门，与门相连的是有阻拦作用的高墙。这是一处关键，也是一个不同寻常的要素。其他任何一座埃及神庙都没有这样的高墙和大门。距离埃及法老们最近的假想敌也得几千千米开外了，所以他们不需要保护自己的陵庙。拉美西斯三世却不得不这样做。他有能力阻挡来势汹汹的海上民族，却阻挡不了埃及文明的衰落。除此之外，他以最糟糕的方式死去，护身符也好，符咒也好，都没能令他免于那场结束了他性命的阴谋。

无论是广阔的沙漠还是骁勇的军队，最后都没能守住法老时代的古埃及。这就是宿命，既是人类的宿命，也是所有宏大帝国的宿命：坠入遗忘的魔爪，直至消散。唯有图像和艺术能拯救我们于不见天光的遗忘之谷中，于记忆的黑夜，于时光的暗影。

阿格里真托：康科迪亚神庙

柱子、树木和森林

森林在文明之前出现；沙漠在文明之后出现。

✦ 勒内·德·夏多布里昂

所有这一切难道不让人觉得神灵居住于此地吗？[1]

✦ 塞涅卡

① 塞涅卡谈论森林的名句。——译者注

康科迪亚神庙

成百上千座的建筑入口处都用柱子作为装饰。帕特农神庙应该算是其中非常有名的一座，但其实符合这个特点的建筑数不胜数。马德里中心的西班牙众议院、华盛顿的美国国会大厦，还有博物馆，如马德里的普拉多博物馆、纽约的大都会艺术博物馆和伦敦的大英博物馆，这些只不过是所有柱式门廊建筑中的几个例子。正如我们看到的，这些并不是普通的建筑。我们谈论的是大学、博物馆或政府机构所在地，而不是五金店或洗衣房（我非常尊重这些体面至极的行业）。似乎这些柱子（如果是大柱子则更佳）给用它们作为大门装饰的建筑灌注了一种荣誉。就算是在那些议会大厦里面，政治的意义被歪曲了，或是那些博物馆的墙上展示了过去殖民和掠夺的犯罪证据，也不影响那种荣誉感的存在。

带有柱子的门廊让人联想到古代的辉煌岁月，众所周知，几个世纪以来，西方十分看好所有带有淡淡的古典主义气息的事物。尽管如此，不管看上去有多奇怪，在一座建筑外面摆上一排柱子，绝不是一个合乎逻辑或与生俱来的想法。柱子曾经是被埃及建筑用来支撑大殿堂的屋顶的，它们从来没有被搬到神庙外面过。这种创新无疑是整个建筑史上最有影响力的一次创新，是古希腊人在建造他们最初的神殿时发明的杰作。

20 年前，从巴勒莫去阿格里真托可以说是一次不折不扣的艰难跋涉。岛上的公路网并不是意大利最密集的交通网，而且从北到南贯穿西西里岛的道路布满了弯道和坑洼，司机的驾驶方式也让不太习惯的人感觉这似乎更接近开罗的交通状况，而非米兰。尽管有着重重困难，我在巴勒莫居住的短短 8 个月内，还是去了 3 次阿格里真托。显然，努力没有白费。我起的那些大早，还有我沐浴着夜色返回西西里岛首府的归程，全都得到了补偿：我参观了神殿之谷的遗迹。

神殿之谷坐落在阿格里真托的南部，靠近一片属于非洲的地中海海域，是全欧洲最非比寻常的考古遗址之一，游客即使不急于探索它也无妨，因为不去参观这座城镇也不会损失什么。对许多人来说，这是整个西西里岛上最不好看的地方。不过名胜古迹则完全是另一回事了。希腊人建立的古城阿克拉加斯就在一片高原之上，在高原的边缘地带，如今还保留着多达 7 座神庙的遗迹，其中的许多几乎都已损毁，只留几根柱子立在原地。然而，在散落满地的柱头之中，在稀疏的植被之间，在位于中央的特殊位置上，矗立着宏伟的康科迪亚神庙，它是保存最为完好的古代神庙之一，也是最初那些把柱式门廊当作前厅的建筑的一个完美范例。

神庙由一圈柱子围绕，这种结构被称为“列柱中庭”[①]，其中的6根柱子是在大门一侧，整座神庙采用的是完美的多立克柱式，是公元前5世纪希腊宗教建筑的典范之一。正如阿格里真托的其他神庙以及几乎其他所有已知的古希腊神庙一样，康科迪亚神庙精准地坐落于一条东西向轴线之上，这就意味着它的大门正对着东升的旭日。关于这座神庙最初祭拜的是谁，我们一无所知，它如今的名字也是后人所起，并且与神庙侍奉的那位希腊神灵没有任何关系。可以肯定的一点是，神庙在建成后1 000年被改造成了基督教教堂。一位名叫格雷戈里的主教声称他打败了居住在这座建筑中的两个异教恶魔，由此将神庙用于供奉圣徒彼得和保罗。

将一座曾经的圣殿完全据为己有，并把它改造成另一种宗教的礼拜之地，这种现象比我们想象的更常见。我们可以参观西西里岛上的锡拉库萨大教堂，它也建立在另一座古希腊神庙的遗址之上，如今仍保留着几根多立克式柱子，它们就嵌在大教堂的外墙上。就连雅典著名的帕特农神庙也被改造过，先是被改作崇拜圣索菲亚的基督教堂，后来甚至变成了伊斯兰的寺院。在伊比利亚半岛也有很多著名的例子，比如科尔多瓦大清真寺，在费尔南德三世的西班牙军队收复这座城市后，又被改造成了基督教堂。

至于为什么会有这些改造，存在着几种不同的解释方式。在

① 列柱中庭（peristyle）是古希腊建筑及古罗马建筑中的一种形式，指建筑中央的庭园被柱廊包围的布局形式。——译者注

很多书籍和出版物中，一种伪科学的论调占据了上风——假设一些地球能量流会在某些特定的地方交错。自古以来，萨满法师、德鲁伊教巫师和祭司们都能感知到这些能量节点，他们在这里建造最初的圣殿，全是因为有精神力量从此地涌出。后来的各种信仰和宗教所做的，不过是延续这些礼拜圣地，以便从那种神秘的能量中获益。因此，会有基督教堂建立在清真寺之上，清真寺建立在古罗马神庙之上，而古罗马神庙就位于古老的史前圣殿遗址之上。

必须承认这是一种很有趣的理论，甚至带有一丝诗意。然而遗憾的是，如今我们没法证明这种理论，所以很有可能这类言论只不过是幻想罢了。正如著名的"奥卡姆剃刀"原理所认为的那样，最简单的解释往往是最有可能的，因此更可信的是，上述的那些改造其实是出于一些没那么诗意的原因。考古学家和历史学家倾向于从材料再利用（比如科尔多瓦大清真寺里面的罗马石柱）的角度或政治角度来解释这些改造。当一种文化征服一片土地后，它不仅要在此地施行它的政治和经济制度，还要把那些旧日的神灵赶尽杀绝，然后换上自己的神灵，很多时候就是在被打败的神灵曾受人崇拜的地方建造自己的神庙。

我们不知道是出于何种原因，康科迪亚神庙被改造成了基督教堂，但是我们知道它都经历了哪些建筑改造。最先被改变的就是门的位置。如果说原始的大门朝向东方，那么基督教堂的大门就朝向相反的方向，这条规则被许多基督教圣地沿用了几个世纪之久。此外还打通了神庙内殿的墙，目的是扩展建筑的内部空间。最后修建了一圈围墙，把围在原始建筑四周的柱子连了起来。这样一来，这座建筑就丢失了曾经的显著特点：围绕其周的一圈柱子。幸运的是，这道墙在19世纪末被移除了，如今的康科迪亚神庙已经与2 400多年前的样貌十分接近：一片石柱林围绕着一座神殿。

在意大利罗马博尔盖塞美术馆的一间金碧辉煌的大厅中，保存着有史以来最杰出的神话雕像之一。尚且年轻的雕塑家乔凡尼·洛伦佐·贝尼尼受斯皮奥涅·博尔盖塞的委托，用鬼斧神工的雕刻技艺，在大理石上重现了一段几千年前就在希腊人中流传的故事。

当爱神厄洛斯[①]将箭射出去的那一刻，被射者的命运就已被写好了。金子做的箭射中了英俊的、原本就多情的阿波罗，而铅做的箭则射中了仙女达芙妮的玉体。因此，阿波罗立刻爱上了达芙妮，达芙妮却很快对阿波罗心生厌恶。阿波罗接连好几天都试图获得这位少女的垂青，虽然少女每次都从阿波罗不知廉耻的围追堵截中逃脱。但是想要逃脱一位神的追逐，总归是不可能的。就算达芙妮是仙女，神灵的力量也是不受她掌控的，最后，阿波罗终于向这位少女扑去。绝望之中的达芙妮向父亲求救，河神见

① 厄洛斯的罗马同位体为丘比特。——译者注

自己的女儿马上就要被抓住，于是决定将她变为一棵树，好把她从好色的阿波罗手中救出来。就在太阳神的手指触碰达芙妮的身体时，她的皮肤化为了树皮，双腿变成了树干和树根，胳膊和双手变成了树枝和树叶。在这充满魔力的一刻，达芙妮变成了一棵月桂树，而阿波罗惊讶地发现自己怀里抱着的是一棵大树。虽然没能够征服仙女，但是太阳神决定将月桂树作为他的圣树，从那时起，阿波罗用月桂树的枝叶给自己做的桂冠就成了他的标志，他还让月桂树的枝叶保持四季常青。

贝尼尼的雕塑无疑是与此故事有关的最著名的作品，而这个故事本身可能也是对古希腊人所认为的神灵和树木之间存在的亲密关系的一段广为人知的描述。

康科迪亚神庙的周边地区似乎不是谈论树林的最佳之地。阿格里真托的夏季气候十分极端，气温也更接近北非，这片土地炎热干旱，古老的树林到如今已经所剩无几。然而，尽管看起来是这样，围绕着神庙的柱子和入口大门两侧的柱子却令我们联想到了充满植被的地方。就像在几乎所有的文化中那样，对希腊人来说，树是一个具有非凡象征意义的元素。作为世界的真正轴线，树被人们看作对不同精神层次之间产生联结的一种隐喻。树根象征地底的冥界，树干是人类存在的尘世，而树枝和树冠则象征天穹，这样看来，树就是整个宇宙的化身。

斯堪的纳维亚半岛上的人们在过去崇拜的是一棵神圣的白蜡树——尤克特拉希尔，这是名副其实的世界树；释迦牟尼坐在一棵菩提树下冥想时悟道成佛；亚当和夏娃不服从上帝的命令，偷吃树上的禁果，被赶出了伊甸园，余生不得不一直劳作。这样看来，古希腊人崇拜树木，赋予它们在自己宗教中的核心地位，并把某个树种与对某个神的崇拜联系起来，也就毫不奇怪了。除却阿波罗的桂冠，宙斯与橡树有关，雅典娜与橄榄树有关——比如至今仍生长在雅典卫城的厄瑞克忒翁神庙旁边的那棵，而冥王哈迪斯则与长得比墓地围墙还要高的柏树有关。那么现在我们想一想，如果仅一棵树就具有深远的象征意义，那么一片森林的重要性就不言而喻了。

虽然如今连森林的影子都见不到了，但人们相信，古希腊人最初应该是在森林之中建造了宗教圣殿。有什么地方能比橡树林中的一片空地更适合崇拜宙斯呢？除了一块被几百棵千年橄榄树围绕的岩石之外，你还能想到一处更合适的用来安放雅典娜圣坛的场所吗？因此，几个世纪后，当古希腊人开始建造他们最早的那批神庙时，他们决定在建筑风格上复制那些围绕着他们祖先圣地的浓密森林。他们将树木变成了柱子，并把森林变成了列柱中庭，使其围绕着神像栖居于其中的圣殿。对建筑进行象征性的改造后，大自然在古希腊人的手中得到了升华。

最早的神庙是用木头建造的，所以很多情况下，每根柱子都是一棵树干，因此其中的象征意义也就更为显见、直白。遗憾的是，这些神庙到如今也“片甲不留”了，古希腊人不久后开始用石头替代容易腐朽的木头，石头象征着永恒与不变。久而久之，经过几代后人的更迭，雕刻的石块逐渐取代了树干和木梁，直到所有的新建筑都是用大理石、石灰岩或砂岩建造而成。随着时间的推移，森林的回响逐渐远去了。最终，风在月桂树叶之间的喃喃低语声，被凉鞋和手杖落在石板上的声音取代了。与达芙妮变成月桂树的情形相反，大自然化身成了人工建筑物。尽管如此，若是游客足够细心敏锐，仍旧可以听到树林遥远的回响。如果你听到了，你就会发现，当你穿过一扇两侧都是柱子的大门时，你实际上是穿过了一片神圣森林的边界，而几千年前的人类就曾想象森林是神灵的居所。

然而在阿格里真托，我们无法穿过康科迪亚神庙的门槛。我们只能想象穿过那片神圣森林的边界，因为矗立在我们眼前的这座建筑被一道金属围栏围着，禁止我们入内。不管是在大英博物馆，还是在慕尼黑古代雕塑展览馆，都不存在任何形式的阻隔，游客可以在各种门的柱子之间通行，甚至西班牙众议院都会在特定的日子开放，允许游客进入。遗憾的是，康科迪亚神庙和雅典帕特农神庙都不准我们进入。但以前并不是这样的。

有关建筑史的书里，充满了游客在很多古建筑内部拍摄的照片。然而，如今庞大的客流量对文明古迹构成了一种潜在的危险。即便不文明的游客行为不太常见，但游客的人数之多，参观的景点数量之多，也让建筑必需的一些安保措施剥夺了我们本应必不可少的游览体验。游客就像虫灾和病毒一样，一旦不受控制，就会让我们聚集的那些地方崩塌毁灭。这种安全措施让我们不能以一种完整、满意的方式来欣赏建筑。不能进入这些古老的圣殿，就只能从外部观看它们。门槛若是无法跨越，门还能称之为门吗？一座神庙的内部若是无人观看，那它真的是一件建筑作品吗？对建筑的体验绝对是感官上的体验。若是想要探索一处建筑，就必然要生活其中、栖居其中，哪怕只有短短几分钟也可以；就必然要穿梭于建筑的犄角旮旯，去体会它的空间和体量，在它的各个厅堂走动时感受温度的变化，在时间的流逝中体会阳光照射的不同角度。那些无法参观的建筑沦为与实物同等大小的模型，究其本质来说这很荒谬。它们不能算得上是真正的建筑，而是矛盾的悖论，就像博尔赫斯小说中的那张与实际土地面积同等大小的地图一样。我们不要忘了，那张地图最后的结果是被人们弃之不用，因为它一点儿用也没有。希望在这些禁止我们入内的建筑身上不要发生此类事。

在巴黎市中心以西30千米左右的地方，坐落着一件现代建筑中的杰出作品。勒·柯布西耶设计的萨伏伊别墅，气派十足地矗立在一片被树木包围着的空地中间，自从20世纪20年代末被建成以来，它就像一块神奇的磁石一样，吸引着世界各地游客前往。凭借着通体洁白的颜色和纯粹简洁的几何线条，萨伏伊别墅在建成后很快就成为现代新式建筑的象征。当我们走近这所住宅，一处设计元素强有力地吸引了我们的目光。13根细长的柱子围绕着建筑的第一层，似乎把整个一楼都固定住了。其参考来源再明显不过了。在1911年参观了古典建筑之后，柯布西耶迷上了古希腊的一些建造技巧，在设计萨伏伊别墅时，他打算高调地致敬列柱中庭这种建筑形式，把古代用石头做的支撑结构转换成混凝土做的细长支柱。

正如我们所见，古希腊人用一圈柱子围绕一栋建筑的这个创意，在历史上产生了巨大影响。2 500年来，人类一直在用列柱中庭和柱式门廊加固整个世界。我们可以在欧洲发现这些结构，也可以在几乎任何一个北美城市中发现它们，加勒比地区的首府有它们的身影，欧洲曾经的领地——布宜诺斯艾利斯也有它们的存在，就连非洲、亚洲和大洋洲也没能摆脱这种建筑风格的“入侵”，因为欧洲人在进行商业和军事殖民的同时，也不忘对外输出对艺术和符号的迷恋。而这些柱子组成的森林无疑也是他们迷恋的事物之一。遗憾的是，近几个世纪以来，我们在建造的同时也在摧毁。一方面，我们在象征着古代神圣森林的柱子之间建起了大学、法庭和政府大楼；但是，另一方面，我们焚烧、砍伐真正的森林。虽然阿格里真托的康科迪亚神庙门口的多立克式柱子美得不可方物，但就算是古希腊人也没法让石头进行光合作用。而且，在比我们想象的还要近的未来里，我们将会需要尽可能多的森林。我们需要建筑形式的、象征性的森林，但更需要的是，微风吹过时树木的枝叶可以互相抚摸的那些森林。

拉瓜尔迪亚：
圣玛利亚德洛斯雷耶斯教堂

石头做的彩虹拱门

色彩比语言更有力。它是一种潜意识的交流。

✦ 路易丝 · 布尔乔亚

在那片被涂成蓝色的蔚蓝之中。[①]

✦ 多明戈 · 莫都格诺

① 直译意思为“在那片被涂成蓝色的蔚蓝之中”（Nel blu, dipinto di blu），中文普遍翻译成《你眼里的蓝》，是意大利音乐家多明戈 • 莫都格诺在 1958 年创作的经典歌曲。——译者注

游人在黑暗中被引至一处地方，他通过脚步声在石板地面上产生的回响，感知这片空间应该很大。即使是在热浪滚滚的 8 月末的一个周六，四周墙壁也依然是潮湿的，但在经历了一个筋疲力尽的早晨之后，室内的这种凉爽十分沁人心脾。昏暗中的游人摸索着找到一条木头长椅坐了下来，这立刻让他回忆起了独自一人听弥撒的那些遥远的岁月。

团里的游客全部坐下来之后，空气中能嗅到一种绷紧了的平静，随后，几个音符打破了沉默，一个声音开始朗诵一段文字，似乎想让游客为接下来要发生的事情做好准备。渐渐地，过了几分钟后，几束光线逐渐照亮了游人所坐之处对面的门廊，与此同时，那个声音在讲解一些与历史、艺术和圣像有关的逸事。尽管不是很欣赏这类光影声音表演，游人不得不承认，这种景点介绍引起了他的注意，表演变得有意思起来，并且多少传达出了这个地方所具有的魔力。尽管游人知道等待着他的是什么，但他还是希望灯光别再闪烁，音乐声停止，那个说话的声音也消停一会，让人能在一片安静中注视门廊。最后几个音符演奏完毕，一阵短暂的寂静过后，所有的灯光亮起，照在拉瓜尔迪亚的圣玛利亚德洛斯雷耶斯教堂门廊上面的几十个人物身上。这些人物形象反射着几百种光彩，是一座由光辉、色彩和石块组成的彩虹拱桥。

人们来这儿的动机往往永远都是葡萄酒。来拉瓜尔迪亚旅游的人，通常是为它的酒窖和葡萄酒所吸引，为马卡贝奥白葡萄酒清亮微绿的光泽所吸引，或是为添帕尼罗①红葡萄酒那红宝石般的色彩所吸引。不过现在呢，游客们来到这个在巍峨的坎塔布连山脉的映衬下变得迷你的小镇，会发现除了本地著名的葡萄酒之外，还有更多其他的收获。这有西班牙最迷人的主广场之一，整个区域被城墙围住，有多达 5 处入口；几座寺庙和修道院，对小镇上不到 1 500 人的居民来说就是一笔巨大的财富。然而，拉瓜尔迪亚的珍宝——也是我们来到这个位于西班牙阿拉瓦省南部小镇的真正原因——在近 500 年的时间里一直在人们的视线之外。欧洲最好的哥特式门廊之一，就在一座建于 16 世纪的小教堂的“襁褓”之中，它的杰出之处不仅在于其了不起的雕刻质量和壮丽的结构，还在于它的外层绘画保持得几乎完好无损这一惊人事实。

与圣玛利亚德洛斯雷耶斯教堂的很多部分一样，它的门廊也建于 14 世纪末，上面有 5 条拱门缘饰，满满当当地装饰着天使、殉道者、先知和国王的形象。在这些人像的下方、大门的两侧，

---

① 添帕尼罗（Tempranillo）是一个葡萄品种的名称，又名丹魄，原产地在西班牙，从它的名字看，temprano 指“早熟”，后缀“-illo”是“小”的意思，整个词义为早熟的小葡萄。——译者注

是瑰丽奇特的12使徒像，这是一件惊人的自然主义雕塑作品，用丰富的细节赋予每位使徒不同的个性。作品中还可以看到一对国王夫妇的形象，可能是纳瓦拉王国的桑乔·加尔塞斯二世和他的妻子乌拉卡·费尔南德斯；大门中柱上是一尊巨大的圣母像；三角楣浮雕的中间部分描绘的是圣母玛利亚的生活图景。除去上面所描绘的，尽管中世纪雕塑家们的雕工精彩纷呈，尽管圣像的创作布局值得人们一再研究，但吸引眼球的并不是门廊上的几十个人像和场景。眼神所及之处，每一道皱襞、每一个物件、每一张脸孔都引起视觉的狂欢，而带来这种效果的恰恰就是门廊上如今仍熠熠生辉的奇妙色彩。

站在菲洛帕波斯山顶上眺望雅典卫城，景色令人叹为观止。在靠近地中海的一片墨绿色的松树和橡树林中，卫城遗址上的彭特力科大理石的光芒异常夺目，似乎与清晨的第一道曙光相映生辉。卫城的山门、小巧的雅典娜胜利神庙、厄瑞克忒翁神庙和巨大的帕特农神庙都闪烁着耀眼的光芒，石块洁白的光泽甚至能够穿透现代雅典城中被污染的空气。大英博物馆中也安放着一些具有同样洁白颜色的雕塑石块，自从埃尔金勋爵将它们从帕特农神庙中搬出来带到伦敦之后，它们就在博物馆里沉睡了两个多世纪。

每当打开一本关于古代艺术史的手册时，扑面而来的往往是几十幅著名的、拥有神话般洁白色泽的雕像照片。《米洛斯的维纳斯》、波留克列特斯的《荷矛的战士》，还有梵蒂冈博物馆收藏的

《贝尔维德尔的阿波罗》只不过是时间长河留传给我们的几千件白色大理石古典雕塑中的3件。这些雕塑和其他古代遗物所蕴含的力量与能量，在西方思想中留下了十分深刻的印记，以至于即使到了今天，很多人仍然会把古典时代与白色大理石所象征的宁静、朴素的人类文明联系在一起。但这其实一个彻底错误的观念。

从久远到没有某源头记忆的时代开始，颜色就一直是建筑中不可或缺的一部分。以前的那些大型宗教和民用建筑在进行最后一步的上色时，都尽可能地使用引人注目的颜色，如果现在的我们看到这些建筑没有上色，那是因为它们经历了几个世纪的严酷气候或是受到了人为干预。埃及的塔门、希腊的神庙、罗马式建筑、哥特式大教堂，更不用说是印度、中国或东南亚的那些东方建筑……这些建筑曾经都被涂上了颜色，并且很多情况下，色彩的鲜艳度与建筑的重要程度直接相关。这些文明以及其他文明中的雕塑作品往往也会进行上色，因此，我们如今在各种博物馆和古代遗址中所看到的，只不过是色彩丰富的雕塑原作留下的一个苍白阴影罢了。将古典时代与白色大理石联系起来的这种观念源于意大利，因为罗马艺术不像之前的希腊艺术那样浓墨重彩。事实上，我们对很多古希腊雕塑作品的了解，是来自罗马人的大理石复制品，而这些古希腊原作往往是用镀金和上色的青铜制成的。意大利的文艺复兴坚持认为，真正的雕塑应该脱离色彩，颜色只不过是一种表层的偶有属性，它掩盖了形式的本质。这样看来，文艺复兴时期和巴洛克时期的很多杰出的、著名的雕塑作品都是单色，也就不奇怪了。多纳泰罗、米开朗琪罗和贝尼尼几乎都是在白色大理石上进行雕刻，于是久而久之，大理石的洁白和未经上色的原生石块，就渐渐地与完美的艺术和建筑牢牢联系在了一起。

雅典帕特农神庙及其浮雕的几个部分最初被涂以鲜明的色彩，与彭特力科大理石的白色形成强烈对比，就如同一支口红会令双唇在一张面孔上突显。古希腊的其他神庙和法老时期的埃及神庙也是如此，但是最能证明浓墨重彩在建筑中具有重要地位的时期大概是中世纪。虽然很多中世纪建筑已经失掉了其表面的色彩，但仍存一部分样本让我们得以窥见，中世纪的建筑和雕塑是如何把所有能想象到的颜色都披在身上的。瑞士伯尔尼和弗里堡的哥特式大教堂中就有出色的例子能够说明这点，但有可能西班牙才是保留了更多、更好的多色雕塑门廊的地方。圣地亚哥－德孔波斯特拉大教堂的荣耀之门和奥伦塞大教堂的天堂之门这两个例子都证明了颜色在建筑中曾占据重要的一席之地，尽管如今这两处门廊的颜色（尤其是荣耀之门）已经失却了一部分力量。然而，西班牙萨莫拉的托罗古城中的圣玛利亚教堂的门廊，以及本章所讲的圣玛利亚德洛斯雷耶斯教堂的门廊，才最能证明浓墨重彩曾在这些建筑中所具有的深刻影响和重要意义。拉瓜尔迪亚的这扇门想要对我们讲述的或许就是色彩。它向我们讲述颜色以及许多个世纪以来人类是怎样通过色彩来传达信息、故事和渴望的。这处门廊向我们陈述的并非一个涉及多种颜色的故事，而是某个具体颜色的演化史。通过这扇门我们将会了解到，一种曾被西方艺术和文化排斥了几个世纪的颜色是如何最终成为西方文明的真正象征。

欢迎走近蓝色的历史。

古希腊和古罗马人并不喜欢蓝色。替很久之前就消逝的文明做出这类声明，似乎会显得有些自命不凡，但是各种各样的历史、考古、语言学和文学证据都表明事实确实如此。法国历史学家米歇尔·帕斯图罗在《色彩列传：蓝色》一书中已将这一点解释得淋漓尽致，对很多欧洲早期文化来说，蓝色是一种次要颜色。

在这些民族看来，3种主要颜色是红、白、黑，而整个符号和色彩系统是在这3种颜色的基础上构建起来的，我们在《小红帽》这样极其古老的故事里，或是在《乌鸦与狐狸》的寓言中就能感受到3种颜色的遥远回声。在这两个故事中出现了3个重要的元素，与3种主要颜色的每一种都有关联：小红帽和狐狸代表红色；狼和乌鸦代表黑色；小红帽给她的外婆带去的黄油，还有被狐狸哄骗的乌鸦一展歌喉时掉下的奶酪代表白色；而另一方面，能够证明人们不喜欢蓝色的证据比比皆是。在《伊利亚特》和《奥德赛》中，我们找不到任何一个确定与蓝色有关的词语，这让19世纪的几位学者（如威廉·格莱斯顿）进行了大胆的（显然也是荒谬的）猜想，即古希腊人在视觉上感受不到蓝色。在古罗马，蓝色与野蛮民族有关，有些野蛮的部族在打仗前会在身上涂以蓝色，他们的眼睛往往也是蓝色的。或许如今我们能够欣赏蓝色的虹膜，并把它作为美丽的标志，但对古罗马人而言则完全是另一回事。蓝色眼睛是野蛮人的眼睛，是恶魔的眼睛，是来自异邦的、可疑的眼睛。尽管后来基督教兴起，但在罗马帝国灭亡后的几个世纪里，人们还是欣赏不了蓝色。我们只需要了解一点，即意大利语、葡萄牙语、法语或西班牙语等罗曼语不得不采用外来词来表示蓝色，比如，“blau”及其所有衍生词都是来自日耳曼语，而“azur”一词则是从阿拉伯语中演变而来。人们不会命名那些他们不感兴趣的事物，而古希腊和古罗马人不喜欢蓝色，所以就不会特意创造词语去命名蓝色。但这种情况马上就要改变了。

在圣玛利亚德洛斯雷耶斯教堂门廊的三角楣的中央，玛利亚正在升往天国，她被包裹在一片神秘的光辉（杏仁状的金色光环）之中。在这幅场景的正上方，圣母玛利亚被圣父加冕为天国的王后，而在三角楣的最下面一层，我们可以看到玛利亚也出现在了“圣母访亲”[①]“天使报喜”[②]和主显节[③]的场景中。每

---

① 在基督教中，圣母访亲意指怀有耶稣的圣母玛利亚去看望怀有圣若翰的表姐依撒伯尔。——译者注

② 天使报喜在基督教中指天使向圣母玛利亚告知她将受圣灵感孕，即将生下耶稣。——译者注

③ 主显节原本是东方教会庆祝耶稣诞生的节日，亦称“显现节”，意指“耶稣曾3次向世人显示其神性”。——译者注

个场景中的玛利亚都身穿一件深蓝色长袍。这堪称一种彻底的改变。蓝色从一种被人嫌恶、受人诽谤、象征蛮族的颜色上升成为与上帝之母直接相关的颜色。改变的过程漫长又混乱，但到了12世纪中期，过程似乎开始加速，在短短几十年中，蓝色渐渐代替黑色，成了玛利亚在耶稣死后所穿丧服的颜色。圣母玛利亚的袍子和服饰最初是一种极深、近乎黑色的蓝，后来渐渐变得明亮起来，到了12世纪下半叶和13世纪初期，已经演变成了一种浓重、鲜明的群青色。

在短短的时间里，蓝色经历了一种异乎寻常的转变，这种转变是其他任何一种颜色都从未有过的。鉴于与圣母的这层关系，蓝色从西方颜色家族的谷底跃升到了色彩鄙视链的顶端。先是玛利亚的服饰，再后来是贵族们的盾牌以及国王和王子们的衣袍，都成了蓝色的专属。法兰西的国王们无疑是最早将蓝色作为代表色的人，在他们之后，欧洲中世纪的其他贵族也纷纷效仿。甚至神话中的亚瑟王也开始以身穿蓝衣的国王形象，出现在模型和图画中。如今，蓝色已位列众多色彩之上，想要把它从宝座最高处拉下来可就没那么容易了。因此，拉瓜尔迪亚的门廊雕刻完工几个世纪后，人们为其重新上色时，再次选择蓝色作为圣母玛利亚衣袍的颜色这事，也就不奇怪了。蓝色一旦出现，便是永久的停留。

事情到这还没结束。在哥特时代初期，不管是天上的王族，还是地上的显贵，都将蓝色作为自己的代表色，而8个多世纪后，蓝色仍然是很多西方人最爱的颜色。年复一年，在所有调查最受人们欢迎的颜色的问卷中，蓝色以超过 50% 的受欢迎程度横扫榜单。除了食物（蓝色永远不可能征服这个领域，因为人类没有发现严格意义上是蓝色的食物）以外，不管是在文化的哪个方面，蓝色都享有特权地位。这也许是因为蓝色在纯粹的象征层面上，具有一种中性特质，与强势的、无处不在的红色形成了对比，后者往往与血和火联系在一起。也许是因为蓝色没有侵略性，它总是与积极的事物相关，比如清凉的水，神圣的圣母，或科学的理性。可以肯定的是，几个世纪以来，欧洲和它所代表的价值观一直与蓝色有着象征性的联系。蓝色是联合国徽章的颜色，也是联合国维和部队头盔的颜色。蓝色是联合国教科文组织标志的颜色和欧洲联盟旗帜的颜色，也是其他向往和平与和谐的国际组织标志的颜色。甚至在 20 世纪初需要为新的奥林匹克旗上的五环选择颜色时，蓝色从一开始就被选定为象征欧洲大陆的色调。

蓝色既不会冒犯也不会攻击，它不会唤醒体内最深处的本能；恰恰相反，它让我们更接近于宁静祥和的状态。蓝色最初是圣母的长袍颜色——比如拉瓜尔迪亚的圣玛利亚德洛斯雷耶斯教堂里面的圣母像，而后逐渐征服了欧洲以及整个西方世界的绘画、艺术和文化。从来没有一种颜色能像蓝色这样，从卑微的尘埃一步步走向巅峰。没有几扇门廊能像圣玛利亚德洛斯雷耶斯教堂的门廊这样，如此清晰地向我们展示了某种颜色在统治初期是怎样的情形，如今的我们仍处于它的统治影响之下。

不幸的是，并非所有的中世纪门廊都能像拉瓜尔迪亚这座教堂的门廊这般缤纷多彩。事实上，它们中的大多数表面都是粗糙不平、光秃秃的石头。用来装饰罗马式和哥特式建筑入口的雕塑颜色，并不总是浓烈的胭脂红、生机勃勃的翡翠绿或热情温馨的温暖黄，相反，它们所呈现的往往是石灰岩、砂岩或花岗岩的自然色泽。尽管如今有了先进的分析技术，我们几乎可以完全确定那些使徒、圣女和圣徒像曾经被涂上哪些颜色，但从没有人想过要对它们进行实物复原。现如今的文物修复和保护趋势是尽可能地避免直接在文物古迹上进行操作，因此，对雕像和浮雕进行重新上色这种做法是被完全摒弃的。尽管如此，仍有几处门廊正在重拾它们往日的色彩。比如法国普瓦捷的大圣母院或坐落于法国索姆河畔的亚眠大教堂，人们在这些地方利用与我们在拉瓜尔迪亚教堂见过的相似的光影游戏，重新唤醒了这些建筑往昔的纷呈色彩。在若干个轻柔温热的夏日夜晚，经由一些复杂的投影设备，这些教堂的中世纪门廊被点亮了。好奇的人群聚集在神圣的大门前面，为了见证色彩们宛如奇迹般的复生。刹那间，石头恢复了生命，具备了行色。门廊上的场景画面在一秒之前还令人眼花缭乱，这会儿的工夫却开始向我们清晰地娓娓道来，这要多亏了色调的效果。人像被赋予鲜活生动的颜色，这里那里不时出现红色的长袍或是绿色的斗篷，但最令人目眩神迷、傲居一切色彩之上的便是蓝色的存在。对我们来说幸运的是，拉瓜尔迪亚的那座教堂不需要任何复杂的投影仪器或现代先进的照明设备。我们只需睁大双眼，任由色彩令我们为之心醉神迷。

通往历史的门·跨越西方建筑与艺术

私域的入口

ACCESOS A LO PRIVADO

巴黎：富凯珠宝店

一次幸事结出的幸运果实

运气就像一个十字路口，准备和机遇在此碰上了头。

✦ 拉罗什富科

我们的根就长在森林深处，泉水旁边，苔藓之上。

✦ 爱米勒 · 加雷[1]

① 爱米勒 · 加雷（ÉMILE GALLÉ）是新艺术运动（Art Nouveau）中的法国代表人物，也是南斯派的创始人，他在艺术设计方面的成就主要表现在玻璃设计上。——译者注

富凯珠宝店

离开宽广无边的协和广场之后，就能隐约看到矗立在皇家路尽头的玛德莲教堂的巨大立面。它的正面是八根巍峨的柱子和一面巨大的三角形山墙，这无疑是在古代门廊（如罗马的哈德良神庙或阿格里真托的康科迪亚神庙）基础上衍生的一种新古典主义风格。但我这次来到巴黎繁华的市中心并非为了见识这座教堂的大门，而是要去参观另一扇更低调但无疑也是更具创造性的门。

在距离协和广场不到 100 米的地方，美好时代的巴黎最奢华、最抢眼的橱窗之一在此陈设了 20 多年。一直到 1923 年，皇家路 6 号都是为富凯珠宝店那具有新艺术运动风格的店面所占据，这家珠宝店是捷克艺术家阿尔丰斯·穆夏在 19 世纪末设计的。然而如今，不管你再怎么试图找寻这件史无前例的作品的蛛丝马迹，你都不能在这附近富丽堂皇的建筑群中发现什么。虽然门这种建筑部件看上去似乎是固定在某处不变的，但有时候人类具有把门运送到另一个地点的能力。此处所说的就是这个行踪神秘、难寻难觅的店面。

富凯珠宝店的橱窗如今在皇家路上已经见不到了，但幸运的是它仍在，并且没出巴黎。30 多年前它就在卡纳瓦雷博物馆了，[①]也就是距离珠宝店原址 3 000 米多一点的地方。想要去那里的话，只需向东一转进入里沃利街，经过杜伊勒里公园和宏伟的卢浮宫，最后进入玛莱区的街道。复原后的整个富凯珠宝店位于佩勒蒂埃酒店的一楼，珠宝店主于 1941 年将珠宝店捐赠给了专门展示巴黎历史的卡纳瓦雷博物馆。

鉴于像巴黎这样的首都城市有着丰厚无垠的文化产物，所以参观卡纳瓦雷博物馆的游客比其他诸如奥赛美术馆、卢浮宫或蓬皮杜这样的艺术中心的游客要少得多，也就不奇怪了，并且对我来说是件幸事。凡是来此地的游客可以幸运地欣赏到丰富的绘画、版画和雕塑作品，尤其是各种重造的环境，让人能体会一次穿越城市历史几个世纪的真正时空之旅。如果想要了解塑造了美好时代的巴黎某位创造者的生平，这家古老的珠宝店也不失为一个理想的去处。在这个人物的一生中，运气、巧合和宿命都发挥了决定性的作用。

那年的 1 月 1 日似乎对巴黎人来说是一个平常日子。那是某个周二的上午，市中心往日熙攘热闹的街道上，少有人在走动，因为大家举行完年末的狂欢庆祝后都在休息。乐美喜耶印刷厂的工人们没有丝毫的闲暇时间庆祝新年的到来。近一周之前，他们

① 卡纳瓦雷博物馆与别的博物馆不太一样，博物馆本身的建筑就是展品。展览的是巴黎的历史建筑物，也就是可以露天参观的博物馆。——译者注

就开始日夜忙个不停，以完成公司接到的最近一个订单。“女艺术家们就是这样。”有几个工人如此抱怨道。“如果她们还是法国女演员的话，那就更任性了。”另外几个工人也抗议道。“是谁想的这主意，时间这么紧，要得这么急。”大家异口同声地说。事实是，12 月 26 日这天，一家员工几乎都走光了的印刷厂接到了一份紧急订单。

1895 年初，著名法国女演员莎拉・伯恩哈特的戏剧要在巴黎上演，她打算让乐美喜耶印刷公司给她设计和印刷海报，为这次演出做宣传。问题是，公司所有的艺术家们都在休假。工作室里就还剩一位刚来不久的外国插画师，但是除了把这项为女主角画海报的任务交给他之外，也没有别的好办法了。公司没怎么给剧院制作过大幅海报张贴画，再加上时间紧迫，所以整个事情很有可能失败得一塌糊涂。然而，此事获得了鼎沸的成功。

那年的 1 月 1 日看似是巴黎一个普通的星期二，却是阿尔丰斯・穆夏设计的巨幅海报被贴在巴黎大街小巷的第一天。那年的 1 月 1 日不仅是 1895 年的第一天，还是一个新时代的开篇。

在这幅海报中，女演员的身材和奢华的服饰与中世纪的美学相结合。金色的马赛克图案赋予了这位“女神”一种拜占庭式的气质，再加上整个构图所使用的柔和色彩，这张海报成了一件精致的奢侈品，并在短时间内变为一种艺术和视觉参照。这是穆夏人生中的一个重大转折点，也是平面设计史上的一座里程碑。女演员对穆夏的作品十分满意，便与他签订了一份专属合约，让他在接下来的6年里负责设计她所有的海报。这张海报大受巴黎民众欢迎，甚至有人为了获取一份海报，不惜贿赂张贴海报的工人。有些人贿赂不成，便用剃刀将海报从墙上割下来。

在接下来的20年里，穆夏设计的海报深受人们追捧，他的成就名扬海外，享誉世界。订单铺天盖地将他淹没，展览一场接一场，模仿他的人也如雨后春笋。作为一位富有声望的艺术家，他的地位已经超出了插画和海报的领域，也开始为雕塑、家具和装饰等行业设计作品。因此，在事业如日中天之时，他被委托设计整个巴黎最豪华、最有个性、最奢侈的商店：富凯珠宝店。

年轻的阿尔丰斯·穆夏在1887年刚搬来巴黎的时候，从未想象过他未来会拥有这一切。他出生于伊梵尼切市，位于现在捷克共和国的摩拉维亚地区，自幼年起他便表现出绘画方面的天赋，但是直到27岁时仍未在艺术界有立足之地。他在法国首都生活的前7年，获得的最大成就不过是在一所艺术学校当老师，给书画插图，以及和乐美喜耶印刷公司合伙干点儿小营生。也恰恰是从这家公司开始，穆夏变得声名大噪。然而，珠宝商乔治·富凯在1899年聘请穆夏做设计师之后，往日的一切都不值得提。

富凯最初的想法是让穆夏为1900年巴黎世博会设计一组珠宝首饰，但是在这些展品获得成功后，富凯决定委托这位捷克的艺术大师给他设计一家新的珠宝店。穆夏把这个商店设想为一件真正的“Gesamtkunstwerk”，也就是一件“整体艺术作品”，其中所有的元素都绝对是以相同的美学概念设计而成，只有这样，建筑、绘画、雕塑、家具和装饰之间才能达到一种真正的凝合。这就是为什么珠宝店内所有那些非凡绝妙的特征，在商店的门面上都有所体现。店铺的正面被分成 5 个拱形：两个朝街的拱形是商店的橱窗，还有两个是店门，中间的拱形是工匠克里斯托弗制作的一块雕塑板，灵感来自穆夏设计的海报中经常出现的年轻女性。无论是金属上面的装饰细节，还是上楣带有女性肖像画的彩色玻璃板，抑或是木工活，都做得精湛绝妙。就连商店的招牌都具有无可比拟的优雅，匀称、性感的字体形式也是现代主义设计中的典型。这家商店的门面是体现法国现代主义风格的最佳样本，这种潮流在穆夏成名前几年就已经诞生，但穆夏本人和其他艺术家及设计师成功地将法国现代主义变为了 19 世纪末和 20 世纪初最具代表性的艺术风格。

如今若是想拜访第一扇出现在欧洲的现代主义之门，几乎是件不可能的事情，这就是为什么本书中没有单独用一个章节来讲它。尽管如此，我还是忍不住鼓励大家试试看能不能进入塔塞尔公馆的门厅，这是建筑师维克多·霍塔的首件重要作品，位于布鲁塞尔。我去试过两次手气，但不管是哪次按门铃都无人应答，不过这并不妨碍我在某本关于现代主义建筑的书中第一次见到它后，将它的形象深深刻在我的脑海中。

我想象着自己进入了它的门厅，仿佛一个人进入了一片森林。

跨过门槛之后，整个建筑就被自然的、有生机的形状取代了。除了柱子和墙壁是垂直的之外，直线在此处基本不见了。与之相反，参观者的视线迷失在曲曲绕绕中，转弯抹角的韵律中和蜿蜒的装饰细节中，各种装饰图案让人联想到植物的茎、大树的根或几十种花的花瓣。在这个门厅里，没有任何东西能让人想到欧洲在过去几个世纪里的建筑，也不可能找到任何古典主义或中世纪风格的建筑元素。没有任何东西能让人联想到古希腊和古罗马人的那些建筑常规，也没有哥特式尖顶和滴水嘴兽。我们需要用一些绝对新颖、与众不同、奇特非凡、完全现代的装饰语词来形容它。我们对此丝毫不觉得奇怪：这种全新的设计风格竟要用不同的词语来定义，所有的这些词都传达出一种革新的理念，一种与 19 世纪的决裂——19 世纪的建筑总是将目光投向过去，无非是对旧的风格进行重新诠释，因此没有太多的原创性。

西班牙人所说的“现代主义”（modernismo），在英国曾被称为“modern style”，在日耳曼国家被称为“Jugendstil”，这两个词语的意思分别是现代风格和青年风格。意大利出于对植物的喜爱，将现代主义称为“花草风格”（stile floreale）；而在维也纳，现代主义团体选择用“分裂派”作为名字，因为他们急于与当时的学院风格决裂。最后，这种风格在国际上被统称为“新艺术”（art nouveau），这个名字实际上来自商人萨穆尔·宾 1895 年在巴黎开设的一家装饰品和艺术品商店的名称。

因此，至于为什么说新艺术运动保存至今的最杰出作品之一是富凯珠宝店，也就完全解释得通了。我每年在不同的课程中介绍过的现代主义的所有特征，在穆夏的设计中都有所体现。毫无疑问，唯有创造一个新的装饰语词来命名这种直接从大自然取材的灵感，这也是我在想象中参观塔塞尔公馆的门厅时感受到的。现代设计中充斥着植物元素，充斥着拉长的、变形的、呈螺旋状的枝条和卷须，由此创造出一些从未有过的装饰图案。对大自然再生能量的迷恋，十分清楚地体现在“春天”这一频频出现的寓意中。现代主义认为自己是艺术、设计和建筑领域一次必要的革新，是一次繁荣的绽放，给寒冬（他们往往把颓废的19世纪与冬天联系到一起）过后的欧洲文化注入了无限活力。因此，我们也就不难理解，为何在所有的现代主义设计中都随处可见拥有完美容貌的少女，因为她们每一位都象征着春天和革新。

曲线和波浪线是现代主义的另外一个基本特征。无论是在维克多·霍塔的塔塞尔公馆，还是在穆夏的珠宝店，曲折蜿蜒的线条都是它们的主旋律。富凯珠宝店正面中间的雕塑板上的少女体态轻盈婀娜，扭动的姿态超乎自然却极具美感；在珠宝店内，弯曲的装饰图案也几乎遍布所有物什的表面。地面的马赛克图案、天花板的装饰线条、灯具和玻璃柜，所有的一切都被赋予弯曲柔美的风格，达到了一种令人目眩神迷的装饰效果。珠宝店内墙上的两尊雕塑是穆夏所设计的装饰的点睛之笔。在柜台后面有两只孔雀，一只安静地栖息在天花板的边檐，另一只则炫耀地张开覆羽。

很少有动物能比美艳的孔雀更能诠释现代主义。孔雀的羽毛可以看作那个悠闲、幸福时代的一种真正象征。孔雀的形象在19世纪末的装饰中层出不穷，各种设计中都有它们的身影。孔雀尾巴的装饰图案出现在瓷砖、杂志封面、珠宝、织物、海报、家具、灯具、雕塑以及任何可以想到的装饰元素中。遗憾的是，那个看上去完满幸福的时代马上就要转瞬即逝。但并不是因为孔雀羽毛的拂弄，而是因为成千上万的炮弹和炸弹的残酷轰炸，将永远改变欧洲的面貌，也将改变穆夏的人生。

第一次世界大战的爆发或许是现代史上最悲惨、最荒唐、最令人费解的事件之一。任何战争都是一场悲剧，都是文明和人类的彻底失败，但欧洲最文明、最富有的几个国家参与这样的一场冲突之中，确实有违逻辑和理性。一部分人原本认为这次战争只会持续几个月，它却成了到那时为止历史上最大的一场屠杀。数百万人牺牲，一片大陆被夷平，这些伤痕最后靠另一场世界大战得到了彻底缝合。

现代主义在经历了春天之后，并没有迎来一个金穗飘香、果实成熟的夏天，迎接它的是一个烈焰灼烧、四处都是轰炸和死亡的地狱。美好时代的春天在持续了几十年之后，于1914年7月28日戛然而止，这天是奥匈帝国皇储弗朗茨·斐迪南大公和他的妻子索菲亚·乔特克在萨拉热窝遇刺一个月后。短短几周内，现代主义欧洲洋溢着的那种幸福、喜悦和乐观，在炸弹、子弹和毒气的攻击之下灰飞烟灭。

在长达4年的战争中，艺术和文化处于停滞状态也是情有可原的。不太合乎逻辑的地方在于，当战斗机和坦克的叫嚣终于停歇时，设计和建筑领域却完全变了个样。现代主义没能在末日中幸存。那些炮火连天的岁月要比4年的时间长得多。有些时候，时间的流逝似乎在加速，变化会提早发生、超出预料。类似这样的事情一定在1914—1918年发生过，因为到战争结束时，时代精神——也就是被德国人叫作“Zeitgeist”的东西，已经发生了180度的大转变。因此，1923年，乔治·富凯完全改变了他珠宝店的装潢，并拆掉了穆夏在20多年前为他设计的现代主义奇观，这一点并不奇怪。幸好，富凯没有把它烧了或是贱卖给某个旧货商。如果当初他这样做了的话，那么此书就会少一个章节。

从大自然取材的灵感让位于对机器和工业进步的痴迷。螺母取代了花朵，发动机占据了树木的位置，镀铬金属和混凝土赶走了木材和马赛克。在几乎不到10年的时间里，设计和建筑所发生的变化比在过去几个世纪中的变化都要大，而现代主义为现代性所接替。过度的装饰开始被视为一种文化退步的标志，现代主义风格中的春天寓意，也成了世界大战中所有陷落的事物的一种象征。往日的佼佼者们也被人们弃置孤立，他们成了一段理应被彻底抹除的时光留下来的过时物件。在此只列举3位重要人物：布鲁塞尔的维克多·霍塔、巴黎的赫克托·吉马德和阿尔丰斯·穆夏，他们接不到有名气的大订单，眼睁睁地看着自己的职业生涯开始走下坡路。

新式建筑的风格是简朴的、实用的、理性的，在一些装饰方案中几乎是修道院式的。毋庸置疑，现代设计取得了数不胜数的进步，但是这种变化是如此急剧、彻底和突然，与其说它是一种自然演化，倒不如说它更像一次国家政变。幸运的是，还保留着一些诸如富凯珠宝店门这样的大门，穿过它们，我们就能回到炸弹和毁灭发生之前的那个年代。在那个时代里，一只孔雀展开覆羽的声音甚至要比任何轰炸声都要响亮。那是一个近乎神话的时代，一个永恒的春天。

格拉纳达：
阿尔罕布拉宫之科马雷斯宫立面

信仰、美与几何学

……就像摩尔人的家一样，

从外面看，墙皮剥落，

从内部看，乃是宝藏……

✦ 摩尔人谚语集

不懂几何者不得入内。

✦ 柏拉图学园大门的标语

历史并不总是以人们口中讲述的那种方式发展的。历史事件并不总是以线性、清晰、明显、令人宽心的方式发生，其中的前因后果也并非以合乎逻辑的合理方式依次出场。不仅如此，历史往往充满了神秘的拐角和惊人的曲折之处，但正是这种断断续续、起伏不平的进展，正是这种蜿蜒曲折、横生枝杈、转弯抹角的情节，才让历史如此扣人心弦。

我们都熟悉这样的历史：在 15 世纪初的意大利，古典时代的传统复兴催生了西方文化一段极为辉煌的时期。人们向来了解的有关文艺复兴如何在这些地区出现的历史并不是一段虚假的历史——远远谈不上虚假，但它也并非一段完整的历史。古希腊和古罗马人的文化财富在我们称之为中世纪的近 10 个世纪中得以幸存下来，这段历史的主角人物可远远不止那几个在阴冷修道院里，誊抄手稿、奉献自我的修士，而且发生的地点也不仅是在佛罗伦萨、热那亚和威尼斯。这是一段更为激动人心的故事，它将带我们去阿巴斯王朝哈里发时期的巴格达，去倭马亚王朝时期的科尔多瓦，或是阿尔罕布拉宫所在的格拉纳达。在这段历史中，一扇迷人的门将会引导着我们，去揭示那些隐藏在我们认为再熟悉不过的事物中的惊喜。

那是 1369 年 7 月底炎热的一天，格拉纳达王国苏丹穆罕默德五世（1354—1391 年在位）的纳扎里军队占领了阿尔亚希拉阿尔哈德拉，即今天西班牙的阿尔赫西拉斯。经历了短短 3 天的围攻之后，该城的要塞指挥官阿隆索·费尔南德斯·波托卡雷罗交出了这片领地，并请求允许离开该城，由此结束了卡斯蒂利亚王国在此地长达 25 年的统治。从军事角度看，攻占阿尔赫西拉斯是安达卢斯[①]最后的天鹅哀歌，因为这是穆斯林在伊比利亚半岛存在了 7 个多世纪之后，最后一次在战场上获胜。这次胜利对格拉纳达王国而言十分重要，苏丹穆罕默德五世以各种各样的方式，在阿尔罕布拉宫内的建筑上对这次胜利大力颂扬，这个坐落在高山之上的宫城统治着格拉纳达，统治着安达卢斯最后一个穆斯林王国的都城。

接下来的几年里以及在其统治的巅峰时期，穆罕默德五世下令建造了几处建筑，它们就像珍宝一样，至今仍点缀着阿萨比卡山的山顶。在所有这些建筑作品中，尤为值得一提的是狮庭（在当时被称为 al-Riyad al-Sa’id），也叫乐园；还有对前任苏丹优素福一世（1333—1354 年在位）下令建造的科马雷斯宫的几间厅

---

① 安达卢斯（Al-Ándalus）是指阿拉伯和北非穆斯林（西方称摩尔人）统治下的伊比利亚半岛和塞蒂马尼亚，也指半岛被统治的 711—1492 年。今天西班牙南部的安达卢西亚因此得名。——译者注

堂进行的改造；最后就是科马雷斯宫非凡奇特的墙面。这个内部墙面建于穆罕默德五世攻占下阿尔赫西拉斯之后，它是整个阿尔罕布拉宫内被人忽略的宝藏之一，这也许是因为它位于参观路线的起点，也恰恰因为这样，它就像一扇门，在它身后绽放的是阿尔罕布拉宫的所有奇观。

每场参观都有基本一成不变的一幕：成群的游客涌进黄金厅天井，几乎不会在科马雷斯宫壮丽的内墙面前稍做停留。有那么几位多少感兴趣的人，会在对面能看到阿尔拜辛区[①]的门廊上漫步片刻，开心地看看格拉纳达街区的景色。剩下的大部分人会急急忙忙走过这片狭窄的空间，快速穿过墙上的大门，好像有一股磁力拉着他们离开这个小庭院。在某种程度上，我可以理解他们这种行为。我并不否认在这扇门后面等着他们的是难以想象的惊奇景致，但每当我看到少有人驻足于阿尔罕布拉宫呈现给我们的这面壮丽景观之前，我就感到一阵失落。

我去过阿尔罕布拉宫许多次，有那么几次我有一种冲动，就是挡在大门中间，强制那些想要匆匆走过的人们稍做停留，看看阿尔罕布拉赐予他们的这处宝藏。我觉得有必要告诉他们，虽然使节厅、林达拉哈阳台和狮庭确实十分迷人，但是那面他们将之抛却身后的墙丝毫不比这些景点逊色，至少值得人们去看一看。我终究没有这样做——或许最好还是别这样做，所以这几段文字

---

① 阿尔拜辛（Albayzin）是西班牙安达卢西亚格拉纳达的一个区，保留了狭窄而蜿蜒的中世纪摩尔街道。1984 年与著名的阿尔罕布拉宫一同被列为世界遗产。——译者注

就权当我对整个纳塞瑞斯宫殿[①]中最独特的建筑元素之一的低调致敬吧。

何塞·米格尔·波尔塔·维切斯教授对宫殿的植物图案和铭文装饰进行了潜心研究，它们的地位确实十分重要，但每次参观阿尔罕布拉宫时，令我着迷的是几何学在建筑和装饰中的绝妙作用。彩色瓷砖做的壁脚、镀金的石膏板、错综繁复的木质屋顶，还有空灵的穆喀纳斯[②]式穹顶都是由惊人而完美的几何图案组成。科马雷斯宫的立面，是由一些涉及黄金比例和其他基本数学规律的几何模块构成，是整个伊斯兰世界中一部分重要的神学观点和艺术思想在视觉上的具象体现。

在伊斯兰教中，将神性和美同化是基本概念之一。出生于穆尔西亚的安达卢西亚哲学家伊本·阿拉比是整个中世纪伊斯兰教中最有影响力的人物之一，他认为“真主是美的，并且爱美”。然而，伊斯兰艺术在这方面面临着艰难的抉择，因为它极少采用形象的图案，这就让它无法以一种直观的形式传达不管是真主阿拉还是其创造物的美感。若是想要表现我们周围的大自然之美，

---

① 纳塞瑞斯宫殿（Palacios Nazaríes），英译名为纳斯瑞德宫殿（Nasrid Palaces），是阿尔罕布拉宫的一处宫殿群，也是格拉纳达王室曾经居住的地方，由 3 个部分组成：梅斯亚尔宫（El Mexuar），科马雷斯宫（Palacio de Comares）和狮子宫（Palacio de los Leones）。——译者注

② 穆喀纳斯（Mocárabes）通过一种小型单一建筑元素的重复性组合——或以某个向心点为中心向外发散构成，或以闭合的多边形的边线为轴线向内层层堆叠，构造出类似蜂窝或者钟乳石造型般的穹顶实体结构，是纳塞瑞斯王朝时期的阿尔罕布拉宫和中世纪伊斯兰艺术中最独特的建筑特色之一。——译者注

还有什么比用图像描绘它来得更直接的做法呢？若是要赞美造物主，还有什么是比模仿他最完美的造物（一幅风景也好，一具人体也罢）更显而易见的方式呢？伊斯兰教几乎从未想过在艺术中用形象的方式来描绘世界的美好。它更倾向于试着去领会这种美好的居身之地，由此直抵美的源头。它确信自己已经找到了美的源头，就在各个局部妥当排布的整体之中，在几何学之中，在黄金比例中。真主是美丽的，他按照自己的形象创造了世界，他所使用的工具能够赋予整个宇宙一种必要的和谐。这个工具不是别的，正是几何学。然而，一个在阿拉伯沙漠的沙丘之中诞生的文明，是如何拥有这种抽象概念和如此深刻的哲学的？为了找出答案，我们必须离开阿尔罕布拉宫，前往另一个迷人的地方。

我几乎在我教的每一门课程中都会用到这幅画。显然，我在讲授有关透视法和文艺复兴时期的表现手法时，它对我很有帮助，但我在讲解立体主义时，甚至在分析传统绘画构图与摄影作品的差异时，也会用到这幅画。画面中间的老者用右手指着天空，而旁边那位年轻人的右手张开，手掌朝下，似乎想要包揽大地。在他们的上方，矗立着一座未全显露在画中的建筑，从外观看明显是古典主义风格，透过建筑的空隙，可以看到几片云在深蓝色的天空中游荡。在老者和青年的周围有几十个人，有一些人组成小团体交谈，有一些人两两结伴，还有的人形单影只，沉浸在思索中。很多人在写字阅读，有些人在互相交流，还有几位手持科学仪器，比如圆规或地球仪。一眼看去，似乎所有人都身穿古典装束：长袍、长衫，甚至古代的盔甲和帽盔。事实上，这是意大利画家拉斐尔·桑西创作的一幅名为《雅典学院》的壁画，现收藏于梵蒂冈博物馆某个房间中。在所有的艺术史手册中，这幅画都被解释为古典时代的众多智者哲人，在画家的想象中会聚一堂。因此，教皇尤利乌斯二世委托拉斐尔创作的这幅用来装饰签字厅[①]的壁画，向来被人们认为是对古典智慧的致敬，也是对古代圣贤的崇敬——正是在他们留下的知识财富的基础上，文艺复兴才得以蓬勃发展。但这并不是全部的真相。仔细观察壁画就会发现，并不是所有的人物都代表着古代圣贤，因为他们中间暗藏着一位中世纪的哲学家、一位裹着头巾的哲学家、一位穆斯林哲学家。

阿威洛依无疑是整个中世纪最重要的学者之一。他于 1126 年出生于科尔多瓦，是一名医生、一名教授众多学科的老师，同时也是一位哲学家，他在哲学领域的突出表现，是对亚里士多德的部分思想进行评注和传播。拉斐尔将他列入古代圣贤之列，这是一个具有非凡意义但往往被忽视的事实。在这幅著名的壁画中，除了他再没有其他的中世纪人物。我们在画中既没有找到圣奥古斯丁，也没有找到托马斯·阿奎纳——这是中世纪最伟大的基督教哲学家中的两位，但我们确实找到了这位科尔多瓦先贤，他正全神贯注地看着一般被认为是毕达哥拉斯的人写在书上的注

① 教皇日常签署文件的办公地点，故名签字厅（Estancia del Sello）。——译者注

解。显然，阿威洛依的形象只是一种象征。不管是谁当初决定将他纳入这幅壁画中，此人所做的都是在暗示一个具有重大历史意义，但经常被忽视的事实：伊斯兰教在一部分古代智慧的保存和传承中发挥了关键作用。在古典时代的希腊和文艺复兴时期的意大利之间，知识经历了许多阶段，穿过了许多扇门。其中的一些门是巴格达，是科尔多瓦，是巴勒莫，或者是科马雷斯宫墙面上的格拉纳达。

伊斯兰教诞生于公元 7 世纪的阿拉伯半岛，在走出它的诞生地之后，伊斯兰教碰上了两个强大的帝国。波斯帝国在短短几十年内就被伊斯兰消灭了，而拜占庭帝国则被其赶入了岌岌可危、极其困难的境地——虽说君士坦丁堡又过了 800 年才沦陷。在不到一个世纪内，伊斯兰教征服了从印度边境直到比利牛斯山脉的这片广阔领土，不过它最重要的征服不是占领土地、攻夺城市，而是智慧的统领。

当穆斯林文明到达地中海沿岸时，它面对的是古代文化最辉煌的几座城市的遗址：安提阿[①]、提尔[②]，尤其是亚历山大里亚，都是曾经存在的古代文明留下的影子，然而这种存在是如此伟大，如此不凡，以至于它们的影子仍弥留着那个充满知识、文化和艺术的过去的一丝回音。与人们通常所想的不同的是，伊斯兰教并

① 安提阿（今土耳其安塔基亚）是古代中东的城市，在罗马人统治期间，它成为叙利亚省的省会，又是罗马帝国的第三大城。——译者注

② 提尔古城，位于黎巴嫩，它曾在地中海一带称霸一时，直到十字军东征之后才渐渐衰落。——译者注

没有把所有这些知识都丢弃。恰恰相反，它把希腊语和拉丁文的知识翻译成阿拉伯语，它将知识为己所用，它保护知识并将其扩充，对西方文化有着决定性影响。我们对伊斯兰世界的印象常常是扭曲的，或许它现在的文化和科学发展达不到所谓的西方水平，但这并不代表它自古以来都是这样。中世纪时期，相当一部分的古代科学、文化和哲学，也就是人类现代文明的根基，都保存在穆斯林城市之中。正如历史学家维奥莱特·莫勒在《知识地图》一书中所说的那样，“文艺复兴诞生于巴格达”，这种说法与欧洲人一直以来讲述的历史是相违背的。

穆斯林人在古代文化遗迹中找到的众多成果里，最经久不衰、影响深远的智慧成果之一，便是作为宇宙中艺术之美的基础的几何学。这个概念最初是由毕达哥拉斯提出的，之后又在柏拉图和其他希腊先贤那里得到了发展。宇宙之美来自几何学对其进行组织和协调，在这个概念基础上，穆斯林人又加上了造物主的形象，由此他们找到了一种在视觉上传达宇宙之美的方式。既然无法表现真主和真主创造的生灵，那么就表现那些让生灵臻于完美的事物吧。既然无法按照古希腊人和古罗马人那样的方式绘出或雕刻人体，那就直接画出令人体匀称优美的几何图案吧。于是，某个八边形的美感或是某个黄金矩形中的绝妙旋律，便取代了一只手、一张脸的优美和谐。

这种和谐的、比例完美的几何节奏不仅仅出现在了古典艺术中以及后来的伊斯兰建筑和装饰中，如科马雷斯宫门上壮丽美妙的花纹。在过去的 2 500 年里，无数艺术和建筑作品的背后都存在这种几何比例。建筑大师们在建造哥特式大教堂时所需的几何模型；弗拉·安吉利科、马萨乔或乌切罗等文艺复兴时期的画家运用的圆锥透视法；博罗米尼等巴洛克风格建筑师作品中的构思精巧的几何图形；甚至构成诸如蒙德里安这样的抽象派画家画作的几何网格。在所有这一切中，如果你足够仔细地聆听，并超越这些外在的表象去看本质的话，你就可以听到毕达哥拉斯所研究的音乐宇宙所传来的遥远回声。在所有这一切中，如果你眯起眼睛、进入这些艺术作品的最深处，你会窥见一束不朽光芒，来自几何学，来自一种叫作比例或和谐的东西。

我们的旅程围绕着阿尔罕布拉宫的科马雷斯宫的墙面展开，不仅到访了毕达哥拉斯学派时期的古希腊，参观了最具古典主义的文艺复兴时期的罗马，甚至还去了被穆罕默德五世（也就是下令建造科马雷斯宫立面的苏丹）征服的阿尔赫西拉斯。在这次寻找几何和美的旅程中，我们已经数次穿越地中海，但我们到现在还没有跨过科马雷斯宫的门槛。我甚至都还没讲到，整个阿尔罕布拉宫最美的这面墙上不单单只有一扇门，而是两扇，但其中只有一扇门是常年开着的。唯有左边那扇门接待成群结队的游客，因为它通向宫殿真正的中心。穿门而过的时候，黑暗几乎成为可以触摸的实体。虽说黄金厅天井不是特别大，也不是很明亮，但与我刚刚进入的这个前厅一经对比，两者差距很是悬殊。从这个小空间延伸出一条走廊，走廊渐渐上升直至形成一个斜坡，让人跟着转了几个弯。我晕头转向，略带困惑，最后在走廊的尽头，我隐约看到了一个光点，指示我那附近就是出口。

终于，在转过最后一个弯之后，穿过门口那个光明的矩形，我冲向了室外。外部的光亮突然袭来，令人发蒙。我用了几秒钟才适应了刚刚来到的这个庭院的夺目光彩，并且可能在将视线聚焦之前，我就先嗅到了修建过的香桃木气息。过了片刻，我开始意识到自己置身于一个奇特的地方。我的面前是一方水池，在水池双侧是两行长长的桃金娘树篱，我能感觉到泉眼在树篱后面咕嘟作响。

水池右侧是上下两层连环拱廊，拱门用石膏雕花装饰，让我想起刚才穿过的那面墙上的花纹。在水池左侧耸立着宏伟的科马雷斯塔，这是古代格拉纳达苏丹的权力中心。从此刻起，在接下来的几个小时里，无论我走到阿尔罕布拉宫殿的哪个角落，惊喜和迷人的事物都会接连而生。不过，尽管宫殿内部的奇观让人心醉神迷，我们也不要忘了入口处那扇美丽的门，是它将我引入这个用石膏、陶瓷、木头和泉池搭建起来的天堂。归根结底，门是建筑内部等待着我们的风景的前奏。门是序曲，是开篇，是一段路的起点，是一次生命的发端。门是交响乐开场的那几个音符，它们响起时令人激动万分。门是我们最爱的那首歌曲的第一节。

一扇门好比小说里的“拉曼查有个地方”[1]，或是诗歌中的“两侧各架起十门炮”[2]。门是我们转过头去就再也看不到的东西，因为那时它已被留在外面，但门的美丽不应被人忘记，无论门的后面有多么惊奇迷人的事物在等待着我们。而如果这种美是建立在几何学的和谐之上，就像科马雷斯宫墙面的几何之美——超越时间、恒久存在，那么无论你走到哪里，这种美妙的旋律都会时刻伴随你左右。

① 这是西班牙作家塞万提斯的小说《堂吉诃德》的开头。——译者注

② 原文为“Con diez cañones por banda”，是西班牙浪漫主义诗人何塞·德·埃斯普龙塞达的《海盗之歌》一诗的开头。——译者注

普利亚：蒙特城堡

意大利南部的八角形文艺复兴

世界奇迹

✦ 神圣罗马帝国皇帝腓特烈二世的绰号

蒙特城堡

有时候我会把旅行的真正动机隐藏起来，以免吓跑那些可能会成为我旅伴的人。2017 年 12 月，我组织了一次去意大利普利亚大区和巴西利卡塔大区的旅行，令我惊喜的是，我竟召集了一个 10 人的队伍，这个人数可以很容易地分摊住宿费和租车费。用来说服大家去这里旅行的托词有好几个：机票很划算；某个海边的自然风光很美（遗憾的是，我们不能去那里游泳）；巴里、莱切和马泰拉等城市的建筑古迹很丰富……我给朋友们列出了一大堆理由，这些只不过是其中几项。

然而，意大利的这方角落令我魂牵梦萦几十年，其中的真实原因并非以上所述。这个动机或许低调朴素，或许野心勃勃，全然取决于你怎么看待它，但有一点可以肯定的是，这是一个不太明显、或许有些古怪的动机。我还是个年轻人的时候就想进入一座奇特城堡的大门，这座城堡是由一个更为奇特的人建造的。在当时尚为年轻的我看来，这座城堡象征着中世纪的一切神秘和魅力。我为那次旅行做的一切筹划，都是为了去看一看霍亨斯陶芬王朝腓特烈二世建造的蒙特城堡。

选择在 12 月初出发是有风险的，因为即使是在欧洲南部，变化无常的天气也可以让任何计划都泡汤。大概是因为羞于向我的朋友们承认整个旅程我最期待的就是去某个很多人连听都没听说过的城堡，所以我就把参观蒙特城堡放到了最后一天。马上我就会意识到，这个主意真是大错特错。

经历了 3 天有冬日暖阳陪伴的旅行之后，最后一天的早上突然阴云密布、电闪雷鸣。队伍里有一些人决定留在巴里，一是为了充分观赏下这座城市，二是见机行事避避雨。但我可不这么想，无论如何，我都要去蒙特城堡。幸运的是，随着我们离城堡越来越近，在强风的吹拂下，天空渐渐拨云见日。在距离城堡还有几千米的时候，这座建筑的轮廓终于显现了，其背后是灰色如花岗岩质地般的乌云幕布。我按捺不住兴奋的心情，把车开到似有若无的路肩，停下车，下来观赏那座被我的想象力追逐了 20 多年的城堡的美景。

如今被称为蒙特城堡的这座建筑傲然耸立在一个 500 多米高的山丘上，俯瞰着离它不远的亚得里亚海岸。它是由腓特烈二世皇帝在 1240 年左右派人建造的，从建成的那一刻起，它就成为整个意大利南部地区最独具匠心的建筑之一。如果问是什么特点让它出落成一座奇特非凡的建筑的话，答案就是它在多处采用八角形作为其基本的几何形状。

这座城堡有 8 个侧面和 8 个角，每个角上有一座八边形的塔，城堡内部有一个八边形的庭院。城堡的外表看上去敦实牢固，分为上下两层，还有零星的几扇窗户，下层的窗户与上层的相比要更小、更简朴。城堡顶部既没有雉堞，也没有城垛，唯一起到装饰作用的部分就是入口处的正门，面朝着地理上的和象征意义上的东方。城堡的内部同样令人啧啧称奇。每一层有 8 间（这是当然）围绕着中央庭院的梯形房间，但这些房间的门和入口，都标明城堡内部有很明显的连通路线。城堡所用的建筑材料也极为特殊。主导整个城堡外观的白色石灰岩与其他几类岩石融合在一起，使城堡成了一座真正的地质陈列馆。内部的房间有许多白色大理石的建筑元素，它们与黑色板岩共同构成了地面上的几何图案。最后，在一些特殊的地方，如拱形、门、窗和几根柱子上，使用了一种特殊的岩石，叫作珊瑚角砾岩。它具有很强的观赏性，颜色偏红，夹杂着白色小石块，在罗马帝国时期被广泛用于建筑的表面和柱子上。遗憾的是，如今保留下来的远远少于已经遗失的。

城堡所经历的历史动荡对其造成了无可挽回的损害，使得人们几乎无法想象它在辉煌时期的模样。很多历史学家推断，城堡的内部曾让去过的人都眼花缭乱，因为腓特烈二世有可能试图打造一座真正的宫殿，一座糅合了众多他所欣赏的艺术风格的宫殿。从现存的少量遗迹和一些现当代的文献资料来看，城堡的内部很可能是用古代浮雕和雕塑来装饰的，有着伊斯兰穆喀纳斯风格的木质结构，还有镶满华丽的镀金马赛克的穹顶。如果你认为在意大利南部的这样一座城堡中，不太可能出现源自拜占庭的马赛克装饰，那么只需想一想，整个西西里岛上随处可见表面贴着镀金马赛克方块的庙殿。巴勒莫的蒙雷阿莱大教堂、切法卢大教堂、海军元帅圣母教堂和巴勒莫帕拉提那礼拜堂只是众多例子中的几个而已。同样是在巴勒莫，距离帕拉提那礼拜堂这颗明珠区区几米远处，仍保存着诺曼国王古代宫殿的房间，王宫里奢华的马赛克图案是由数千块辉煌灿烂的镶嵌石铺贴而成的。考虑到腓特烈二世本人，就是在这座宫殿和这个礼拜堂的镀金墙内长大的，那么他在生命的最后几年里想要铭记那一抹金属光泽，也就不是很奇怪了。那么，能将一座朴素、怪异的城堡变为一座光彩夺目的宫殿的那个男人究竟是何方神圣呢？诸位很快就会发现，这座建筑的独特和魅力，与它的建造者那近乎传奇的一生相比，显得相形见绌。

一个在有生之年被称为“世界奇迹”和“基督教之敌”的人，不可能是一个普通人。一个曾被3位不同的教皇3次开除教籍，同时又能在一次没有流一滴血就胜利的十字军东征后，将自己加冕为耶路撒冷国王的人，显然是一个非同小可的人物。这位以腓特烈二世的身份被载入史册的统治者，出生于1194年意大利的耶西。他的父亲是霍亨斯陶芬家族的亨利六世，母亲是西西里的康斯坦丝，因此这位新生儿，便成了红胡子腓特烈一世的孙子以及西西里诺曼国王、欧特维尔家族的罗杰二世的外孙。

尽管有日耳曼人和诺曼人的血统，腓特烈二世始终觉得意大利南部才是他的家园，他在那里度过了生命中的许多时光，并在那里发展了他最重要的文化和建筑事业。腓特烈二世出生后在阿西西受洗，用的是圣方济各[①]和圣嘉勒[②]受洗的洗礼池。在这之后，他随母亲前往巴勒莫，在那里他体会了何为遗忘、失败、成功和名誉。

1198年，年幼的腓特烈二世被加冕为西西里国王，尽管如此，西西里岛上暗流涌动的政治局面让他有几年都在命悬一线中度过。生活悲惨凄苦的他，只能靠一些贵族的施舍填饱肚子。但是在巴勒莫码头游荡时，他也结识了一些不同信仰、肤色和出身的人。恢复了在宫廷中的地位后，腓特烈二世接受了优越的教育，在志趣和性格的加持下，成为那个时代最有学问的人之一。他把欧洲大陆最有名的几位学者召到巴勒莫来，其中有伟大的数学家斐波那契，还有天文学家和术士——苏格兰人迈克尔·司各特。在意大利大陆，腓特烈二世创办了那不勒斯大学，这是世界上最古老的世俗和国立大学。他还集结了一群文人和游吟诗人，被称为西西里诗派，这个诗派甚至得到了但丁本人的认可，如今它被认为是现代意大利语的起源。除此之外，腓特烈二世还是个统治者。

26岁时，腓特烈二世被加冕为神圣罗马帝国皇帝，就像他的父亲和祖父当年那样。在他的余生中，他与罗马教皇一直保持着

---

① 圣方济各（1182—1226年），又称圣弗朗西斯科、阿西西的圣方济各或圣法兰西斯，是天主教方济各会和方济各女修会的创始人。——译者注

② 圣嘉勒（1194—1253年）是意大利圣徒，阿西西的圣方济各最早的追随者之一。——译者注

拉锯战，脆弱联盟和战事冲突在他与教皇之间交替上演。他走遍了整个欧洲，但从未忘记自己成长的地方，也从未丢掉意大利南部和地中海对他的熏陶，这种本质驱使他在不同的宗教和信仰之间铺设桥梁。他无疑是他那个时代的先行者，此外，可以肯定的是，他的一些思想似乎预测了当今人类的行为——这么说并非神化这个人物，那是很荒唐的。他或许是中世纪的西西里岛这个各方文化和文明大熔炉的最佳代言人，那里是拜占庭人、穆斯林、诺曼人、法兰西人和阿拉贡人的家园。

在度过了紧密、充实的一生之后，腓特烈二世在快满 56 岁时死于菲奥伦蒂诺城堡，留下了传奇般的身后名。他作为君主和皇帝的身份逝去了，但有关这个人物的神话在他死后只增不减。正如通常情况下那样，这些神话和传说不仅与他本人有关，也充盈在他的作品之中。而在腓特烈二世遗留给世界的作品中，蒙特城堡是最令人印象深刻的其中之一。

一个规模巨大的星盘；一座能让 3 种一神教在一起祷告的庙宇——在世界其他任何地方都做不到这点；一处为皇帝的身体和灵魂而设的洗礼堂，来自地中海各个角落的术士和医师在这里工作；一座极尽奢华的土耳其浴场；一只天文钟，位于一条将沙特尔和耶路撒冷象征性连起来的线上。稍加挖掘，你就会发现上述所有这些无厘头的理论和假设都被放到了蒙特城堡上，甚至还有一种假设，其中出现了无处不在的圣殿骑士团（早该料到这点）。所有这些假设的源头，除了出于对腓特烈二世人格的迷恋之外，还因为蒙特城堡如果作为一处防御工事来讲的话，并没有什么用处。

数十名伪研究者把这个城堡当成一个无用的堡垒研究过。显然，如果它不是一个堡垒，就一定是个别的什么建筑构造。而且，既然是腓特烈二世造出来的，那就不可能是一座随随便便的建筑物。幸运的是，也有一些诸如巴里大学的教授拉法埃尔·利奇尼奥这样的历史学家，他们致力于将这些假设逐一、全部推翻。蒙特城堡的螺旋形楼梯是所有堡垒里面唯一设计不佳的楼梯吗？这就说明它一定得是别的建筑吗？腓特烈二世的其他城堡也是如此，比如位于附近巴里的城堡。就因为它没有护城河，没有吊桥，没有厨房，没有仓库和其他许多基本设施，它就不可能是一座城堡吗？那个时代那片地区的很多堡垒都缺少这些防御设施，何况城堡周围曾经设有一道外墙（现在没有了），城堡和外墙之间的这部分空间，很有可能是用来容纳所有那些缺失的建筑的。蒙特城堡的周长与胡夫金字塔之间有神奇的关系吗？大金字塔的确切尺寸在当时是未知的。以此类推，其中不乏荒谬至极、古怪离奇的说法。利奇尼奥教授没能成功破解的是蒙特城堡持续散发的魅力和吸引力。这种魅力不仅影响了城堡的形状、朝向和位置，而且还影响到了它的大门。

遗憾的是，在许多研究蒙特城堡的文献中，大门作为一个很重要的部分被遗漏了，就像几乎所有来参观的游客也没有注意到它一样。虽然到现在我们才提起它，但在接下来的篇幅中，它是唯一的主角，并且是独一无二的。大门面向东方，可通过两侧的楼梯进入，乍一看，在两侧耸立着的石塔衬托下，它很难被注意到。不经意看的话，人们可能会以为这只不过是另一个中世纪的门廊，是众多用尖拱和尖形窗装饰上部的门廊中的一个罢了。但在这一朴素、不起眼的外表之下，隐藏着的是 13 世纪上半叶的革新趋势。

我们在讲阿尔罕布拉宫的科马雷斯宫的墙面时，就已经清楚地知道，有关文艺复兴起源的历史，并不是像人们口中所讲那样，带有应该有的细节。文艺复兴的艺术、文化的诞生有时被描述成于 15 世纪初发生在意大利北部的一个非同寻常的事件，一个近乎奇迹的事件，它终结了黑暗的中世纪，跨入了一个新的时代。但真正的历史并非这么简单。中世纪不是完全黑暗的一段时期，文艺复兴也并非凭空出现。

艺术史家欧文·潘诺夫斯基在《文艺复兴与其他文艺复兴》一书中做过十分精彩的阐述，即在被我们称之为中世纪的这 1 000 年里，古典时代的光辉曾有几次试图重新燃起。查理大帝统治期间便是如此，他以古代皇帝为榜样，建立了德意志民族的神圣罗马帝国，重振了帝国威严。类似的事情还曾在奥托三世的日耳曼王宫中发生过，之后是在14世纪的意大利[1]，出现了一批艺术家，比如画家乔托和雕塑家皮萨诺父子。霍亨斯陶芬家族的腓特烈二世也可以归到此类，他对古典时期的热爱与崇敬在蒙特城堡的大门上体现得淋漓尽致。

大门的门框由一个典型的哥特式尖拱构成，围绕在其周围的一些部位则表明建造者有意模仿古典罗马式建筑。两根带凹槽的壁柱用奢华悦目的珊瑚角砾岩雕刻而成，柱头让人联想到科林斯柱式。壁柱上方托着一条饰有叠涩[2]的壁缘，再往上看，就来到了最引人注目的亮点：一处三角形山墙，立刻让我们想到了许多古典时代的神庙。虽然仿制比例并不正确，试图用装饰元素召回古典时代辉煌的这种做法或许过于天真，但这些并不重要。重要的是，那个时代最有权势、最有影响力的人物中的一位，在他46岁那年，决定直接参照古典时代风格来装饰他最独特的一座建筑的入口。对腓特烈二世而言，围绕在他身边的所有文明在本质上都是智慧和文化财富的来源。拜占庭、穆斯林、诺曼或日耳曼只不过是同一块水晶的不同切面，同一首旋律的不同音符而已。哥特式的窗户，已消失的拜占庭风格的马赛克，取材自伊斯兰艺术的装饰细节，以及蒙特城堡大门的古典遗风……腓特烈二世试图将过去与现在相融合，这个“现在”是如此丰富多样，而

---

① 原文为 Trecento，（尤指提及意大利艺术与文学时使用的）14世纪。——译者注

② 叠涩是一种古代砖石结构建筑的砌法，用砖、石，有时也用木材通过一层层堆叠向外挑出或收进。——译者注

他有幸生活其中。或许这是一个无法企及的乌托邦，但若少了类似这样的插曲，想必150多年后的文艺复兴绝不会令整个欧洲灿烂生辉。

我并不想还没介绍蒙特城堡的特殊造型就匆匆结束这一章。在之前的几段文字中，我们已经推翻了好几条与城堡有关的不切实际的、伪历史的假说，而我不打算陷入同样的错误。当我们谈论腓特烈二世的这座城堡时，几乎不可能对八角形那强大而普遍的象征意义避而不谈，因为它蕴含的意义确实能够帮助我们更好地理解这座建筑。

在很多文化里面，数字8以及八边形是平衡的象征。此外，在基督教传统中，8还与复活有关，因为在第七天的创造之后，第八天会迎来重生。因此很多洗礼堂采用了八角形的形状，毕竟在基督教信仰里，洗礼这件圣事意味着一个人的新生。八边形也象征着从方形陆地到圆形天空的过渡和通道。综合所有这些信息来看，一些格外重要的建筑会被设计成八角形这种独特的形状，也就不奇怪了，并且这种现象不仅发生在信奉基督教的欧洲。腓特烈二世在计划建造蒙特城堡时，以往的八角形建筑想必给他提供了很好的范本，于是城堡与以前的文化传统产生了联系，这些文化积淀赋予了蒙特城堡深厚的象征意义。亚琛的帕拉丁礼拜堂是查理大帝在公元8世纪末期命人建造的，它的八角形构造在此之后将会给蒙特城堡披上一层帝国的威严。始建于公元687年的耶路撒冷的岩石圆顶寺，是历史上最早的伊斯兰建筑之一，也是腓特烈二世皇帝在第六次十字军东征期间，所捍卫的文化团结的象征。

有这些背景做铺垫，我们就不难理解，为什么翁贝托·艾科会将蒙特城堡作为他的小说《玫瑰之名》里的修道院图书馆的灵感来源了。我几乎可以打赌，要是腓特烈二世知道他设计的城堡变成了（尽管是以虚构的方式）一个巨大的图书馆，里面收藏了中世纪积累下来的所有知识，他绝对会很高兴。

我对腓特烈二世的了解来自彼得·贝尔林的小说。20 世纪 90 年代末，与其他成千上万的读者一样，我花了几个月的时间狼吞虎咽地读完了他的系列小说《圣杯的孩子》的前几本。书中几十个人物的命运都被卷入了那些充满了圣殿骑士、马穆鲁克①、卡特里派②和腐化主教的激动人心的中世纪冒险里面，而腓特烈二世皇帝的形象犹如一座挺立的灯塔，好似一块令人无法抗拒的磁石。于是我深深迷上了书里这位传奇人物，但之后我喜欢的是历史上的腓特烈二世。后来我不再钟爱那种介于历史和秘史之间的叙述体裁，但是对腓特烈二世的喜爱不减。

因为各种机缘巧合，1999 年 10 月我来到西西里岛，作为一名享受奖学金的学生，接下来几个月我要在巴勒莫美术学院度

① 马穆鲁克的原意是“奴隶”，是中世纪服务于阿拉伯哈里发的奴隶兵。——译者注

② 指清洁派（Catharism），又译作纯洁派或纯净派，亦音译称“卡特里派”。中世纪流传于欧洲地中海沿岸各国的基督教异端教派之一，也是一种宗教政治运动。——译者注

过。花了几天时间安顿下来并认识了我的新同学和老师之后，我决定探索一下这座城市。巴勒莫的大教堂离美术学院很近，这座建筑外表看上去壮丽无比，但与附近其他的建筑一对比，其内部有些让人失望。不管是哪次去参观这座大教堂，我都不是为了找寻艺术宝藏，而是为了看一看腓特烈二世遗体长眠其中的红色斑岩石棺。每次我有幸站在这个“世界奇迹”的灵柩面前，都会发现有人在他墓前放了一朵红玫瑰。如果永生真的存在的话，它一定就像这样：逝世后 750 年还能令人尊重、钦佩和爱戴。如果永生真的存在的话，它就是一朵红玫瑰，每天都在向我们证明，遗忘并没有获得胜利。

瓦伦西亚：塞拉诺斯城门

监狱和避难所

正是在西班牙，我们这一代人才明白，一个正确的人是会被打倒的，武力能够摧毁灵魂，勇气有时候不会得到回报。

✦ 阿尔贝·加缪

现代的城市没有城门，古时候的城市是有城门的。现代城市毫无保留地向四面八方敞开，我们如今已经不用穿过那些清楚地划分城内和城外的大门了。现代城市没有了约束和圈定城市区域的实体城墙——虽然对居民和游客来说，还是有一道看不见的墙，有时候比实体墙还要难以通过。现代城市的周围已经没有了防御工事，因为几乎所有城市早在几十年前就把它们拆除了，这样是为了去除那些看着像是女人束胸衣、阻碍城市发展的建筑。

幸运的是，有些城市没有精力、没有财力，也没有机会去毁掉它们的城墙，举几个西班牙国内的例子，比如阿维拉、卢戈、托莱多；其他国家的例子有伊斯坦布尔、埃尔瓦斯、杜布罗夫尼克。还有一些城市选择把城墙拆除，但是保留了某个城门留作纪念。这种情况说的就是瓦伦西亚，这里仍保留着两座气势非凡的中世纪大门：塞拉诺斯城门和夸尔特城门，它们通常被称为塞拉诺斯塔楼和夸尔特塔楼。

有几年，我住的地方离其中一座城门特别近，登上房顶的露台，就能看到它的身影。许多个夏天的傍晚，我都会选择在天台上小酌一杯，周围是一群急速飞舞的燕子。我看着城市的灯火次第亮起，天色渐渐由明转暗。面朝东方，可以看到圣何塞·德·卡拉桑斯教堂的巨大圆顶，还有几个世纪以来一直点缀着瓦伦西亚天际线的许多教堂的几座塔楼；而在西边，耸立着的就是巨大的哥特式建筑，夸尔特城门。

平日里，我步行穿过城中心去上地理和历史系的艺术史课，在回来的路上，很多次我都会偏离原路线，沿着图里亚河的古河道行走——现在那里已经成了一座大型城市公园。我路过瓦伦西亚美术馆，从特立尼达桥和福斯塔桥下经过，然后到达塞拉诺斯桥。从这里开始我不再沿着古河床行走，而是回到交通线路，顺着桥走。随着我步步走近，地平线上的塞拉诺斯城门的轮廓渐渐高大起来。终于，我穿过它那宏伟的城门进入了旧城中心，就像瓦伦西亚曾接待过的最尊贵的那些来宾们在几个世纪里所做的那样。那时的我只是一名普通学生，但有那么几秒我恍惚觉得自己像 15 世纪的一位外国使节，或 18 世纪末的一名丝绸商人。这种种幻觉的产生只需穿过一扇门。

像几乎所有的中世纪大城市一样，瓦伦西亚也有一道将其整个包围起来的城墙。瓦伦西亚的城墙始建于 1358 年，由阿拉贡国王彼得四世下令修建，并委托给“城墙和沟渠工坊”——这是一个在当时创建不久的机构，负责各种各样的公共工程。瓦伦西亚的城墙除了具备纯粹的军事功能外，还保护城市免受一项潜在的巨大危险：图里亚河每隔一段时间就会发生泛滥和水灾。

在城墙建造的两个世纪前，河流上游的大片森林被砍伐，导致夏末秋初时节，伊比利亚半岛这片区域的强降雨引发了灾难性的洪水，摧毁了河流沿途的一切。人类破坏大自然的行为并不是现在才有的新鲜事，不过这种行为的影响力逐渐升级，随之而来的是地球面对这种侵犯的反应也越来越强烈。因此毫不奇怪的是，瓦伦西亚有史以来遭受的最可怕的洪水之一，就发生在60多年前。那是1957年10月，河水决堤，在一些地方达到4米多高，造成80多人死亡和难以计数的财物破坏和经济损失。不幸的是，对那时的瓦伦西亚居民来说，城墙已经没有了，无法保护他们不受肆虐洪水的侵害。

塞拉诺斯城门是瓦伦西亚防御工事的12个城门之一。这12个门被分为4个大门和8个小门。每一个大门都大致朝着一个主要方向：海洋之门朝东，圣维森特门朝南，夸尔特门朝西，塞拉诺斯门朝北。这4个中世纪大门在过去一直是古代瓦伦西亚的出入口，因为它们位于城市的两条主街道，即“Cardo”①和“Decumanus”②（罗马帝国时期的每个城市都有这样两条主街道）的4个终点处，这两条轴线甚至在穆斯林统治时期也一直沿用。

塞拉诺斯城门是全欧洲最大的哥特式大门之一，它并不是与城墙同时建造的，而是到了动荡的14世纪末才建成的。从一开

① 在罗马帝国时期，每座城市都有两条中轴线，“Cardo”是南北方向的中轴线。——译者注

② 同上，“Decumanus”是东西方向的中轴线，与“Cardo”相互垂直。——译者注

始，这些城门的设计初衷就不仅仅是防御性质的大门，1392 年，建筑师佩雷·巴拉格尔受雇负责建造城门。人们把这项任务看得格外重要，建筑师被派往阿拉贡王国各处去寻找灵感和模本。这位建筑大师在旅行中，四处寻找其他可以作为范例的宏伟的大门，人们一直认为他有可能参考了波布莱特修道院的皇家大门或莫雷拉的圣米格尔城门。这 3 座门的结构相似，中间入口处是一个半圆拱门，两侧矗立着两座壮实的多边形高塔，如果说波布莱特修道院的皇家大门是其中最简朴的，莫雷拉的城门是最高大的，那么瓦伦西亚的塞拉诺斯城门无疑是 3 座门之中最宏伟和最华丽的。

正因如此，塞拉诺斯塔楼不仅仅是一座只具备军事功能的建筑。自 1398 年建成之时起，它就不仅只是一座用来封闭城墙、保护城内居民的大门。它实际上是城市面朝外的主要立面，同时也是展现瓦伦西亚重要地位及其在中世纪末的辉煌的一座代表性纪念碑。当时的瓦伦西亚一度能与其他的地中海城市比肩，如巴塞罗那、马赛、那不勒斯和巴勒莫。

城门外部饰有窗花格，还有一些在单纯的军事性大门上不常见的装饰元素。通往塔楼内部第一层的楼梯具有宫廷气派，这也向我们表明了该建筑不仅具有军事用途。我们甚至从文献中得知，在其落成之前，城门的拱顶石和其他建筑元素，是由当时最优秀的几位艺术家涂色和镀金的，如安德烈斯·马扎尔·德·萨斯和佩雷·尼科劳。所有的这些在今天已经难以分辨了，图里亚河床两侧的熙攘交通让人们几乎无法想象，这些城门曾经给从北方来到这座城市的游人留下了多么深刻的印象，但它们对中世纪末的瓦伦西亚所产生的影响是毋庸置疑的。这些城门开启了瓦伦西亚的一个伟大时代——15 世纪的序幕。

许多尊贵的参观者纷纷来到这里，为瓦伦西亚的财富、温和的气候和环绕着城墙的葱翠果园所吸引，这些果园自穆斯林统治时期就很有名，然而遗憾的是，由于城市范围无节制地扩大，果园面积如今已经很小。来宾中的许多人正是通过塞拉诺斯塔楼的这座凯旋门进入城市的，他们甚至吩咐随行队伍绕道并沿着城墙寻找大门，这样他们就能从最壮观、最豪华的入口进入城市，就像我每次下课归来时那样。当国王、王后、王子和贵族们的队列在大门后面等待时，他们可能受到了装饰在大门外面的十字架的象征性保护，这些十字架如今几乎看不到了，但仍然可以通过对称分布在入口两侧的几块石砖的不同颜色来识别。

在经过这些保护符之后，来宾的队伍终于穿过了大门，此时乐师们的音乐也奏响了，他们站在高大的塔楼之上弹奏乐器，鼓舞着大门两侧的人群。城门很多时候都装饰着挂毯、旗帜和帷幔，城里的贵妇和绅士们从阳台上探出身子，看着这些名声显赫的外国来宾前往大教堂、市政中心，或前往那时的瓦伦西亚所拥有的众多贵族宫殿之中的某一座。

城门建成 4 年后，纳瓦拉国王卡洛斯三世的女儿布兰卡公主的婚礼队伍从这个门进入城内，与当时的西西里国王——马丁结婚。在城门的石头曾经见证过的那些最庄严的时刻中，有几个值得一提：1424 年为欢迎“宽宏者阿方索”①而在城楼上点燃了彩灯；1586 年 1 月 19 日，费利佩二世带着胜利的姿态庄严地走进大门，此时的城门成了一座真正的凯旋门，显得光彩夺目。

就在那一年，城门的命运彻底改变了。市政厅遭遇了一场大火，关押着王公贵族的监狱因此必须搬到另一个地方。于是，塞拉诺斯塔楼被选中用来收纳这些囚犯。虽然这次迁移最初只是暂时的，但是塔楼在接下来的 300 年中一直被用作监狱。

为了把塔楼打造成监狱的样子，不得不对其进行了一些较大的改造，它的外观（主要是朝向城内的这一面）由此发生了改变。最初那些宽大、开放的空间（类似夸尔特城门那样）被堵上了，并且在朝向城外的这面墙上打了一些用来通风的洞口。将凯旋门塔楼改造成监狱——我们可以将其看作一件有害的事，此事却又阴差阳错地保住了塔楼。1868 年，瓦伦西亚市长西里尔・阿莫罗斯下令将城墙拆除，唯一保存下来的就是塞拉诺斯和夸尔特两座城门，没被拆掉的原因恰恰就是当时它们仍发挥着监狱的作用。1887 年，监狱终于迁走了。又过了 6 年，圣卡洛斯皇家美术学院撰写了一份报告，用于修复这两座城门并将其视为历史古迹。

---

① 指阿拉贡国王阿方索五世（1396—1458 年），他是第一个同时统治西西里和那不勒斯的西班牙君主。由于在继承王位之后，阿方索五世当众销毁了一份写有反对他即位的阿拉贡贵族的名单，他得到了“宽宏的阿方索”这个称号。——译者注

虽然故事看上去到此结束了，但这并非塞拉诺斯城门经历的最后一番波折。

在博物馆的围墙内，不安的情绪与日俱增。来自外界的消息并不总能及时传来，但显然，在那年夏天过了一半的时候，有什么事情发生了。警卫人员和文物修复师脸上的神色由不安变成了担忧，最后转为了切实的惊恐。夜晚降临，画布上的人物互相交谈，传递着信息。几周后，博物馆外面的世界已经爆发了战争。

秋季已至，炸弹的声音渐渐逼近。最初只是遥远的、几乎察觉不到的隆隆声，但随着白昼缩短、冬季临近，炮弹的轰击和保护他们的墙壁之间的距离也在缩短。终于，恐慌全面占据了博物馆，人们觉得必须得做出某种决定了。危险越来越近，必须尽早远离这场灾难，于是他们逃跑了。逃跑的有神话里的英雄和神灵，圣徒们和圣女们，基督们和圣灵们，亚当们和夏娃们，宫娥们和胸口挂着十字架的画家[①]们，骑着骏马的国王们，小丑和醉鬼们，还有穿衣服的玛哈，甚至裸体的玛哈[②]都没来得及穿上衣服就匆匆而逃。所有人都逃走了。

内战爆发之初，佛朗哥领导的反动军的主要目标之一，就是攻占马德里。不难设想，如果首都沦陷，战争的走势就会对佛朗

① 此处指的是委拉斯凯兹的名画《宫娥》，画家本人也在画中，胸前佩戴着十字架。——译者注

② 《裸体的玛哈》和《着衣的玛哈》是西班牙画家戈雅的两幅油画作品。——译者注

哥一方有利，因此从战争的头几个月开始，马德里的市郊便展开了激烈的战斗。1936 年秋天，炸弹开始投下，不仅落在马德里的每一座民宅和军事建筑上，也落在国家图书馆或普拉多博物馆等历史建筑附近。

空袭可能会对宝贵的艺术遗产造成不可挽回的损失，面对这一严峻的危险，共和国的合法政府意图保护普拉多博物馆和其他馆藏中一部分最重要的艺术品，于是组织大队人马将这些艺术品转移到地下室等更安全的地方。1936 年 11 月，共和国政府已经迁往瓦伦西亚，于是决定从马德里疏散一些最珍贵的画作。为此，1936 年 11 月 15 日—1938 年 2 月 5 日，人们组织了多达 22 个车队，用经过伪装的军用卡车来运送艺术画作，板条箱里装载着委拉斯凯兹、鲁本斯、戈雅、提香和其他许多著名画家的作品。这些护送队离开了即将沦陷的马德里，来到了瓦伦西亚。将近 600 幅画作远离了硝烟的味道，远离了战争的破坏，感受到了地中海相对平静的微风。

抵达瓦伦西亚后，艺术品被分散到了两个不同的地方：一个是位于古城中心的巴特里亚克博物馆，一个就是塞拉诺斯塔楼，后者庞大的身躯收容了不少极其宝贵的画作。为了尽可能提供最安全的保护，在塔楼原先的拱顶之间又搭建了钢筋混凝土拱顶，这样一来，即便这座哥特式建筑坍塌了，艺术品也能幸免于难。世界上很少有地方可以吹嘘自己曾收留过委拉斯凯兹的《宫娥》或戈雅的《1808 年 5 月 2 日》，这只是内战中被抢救出来的众多杰作中的两幅，而在这些为数不多的建筑中，就有塞拉诺斯城门。

古老的中世纪城门为这些艺术珍品提供了最佳保护，数周之后，它们继续被运往加泰罗尼亚、法国南部，最后抵达日内瓦，战争结束后，它们又从日内瓦回到了普拉多博物馆，在近80年里，它们没有再从博物馆的墙上逃走。

在欧洲其他地方，瓦伦西亚曾有好几个世纪被认为是一个与疯子和痴呆朝夕相伴的城市。瓦伦西亚作为"精神错乱人士之家"的这个名声，可以追溯到15世纪初，也就是塞拉诺斯城门建成的后几年。施恩会的修士琼·吉拉伯特·约弗雷在人道国王马丁[①]的支持下，于1410年建成孤儿和精神病人收容院，它被认为是欧洲大陆最早的精神病院之一。

这家医院坐落在城墙之内，距离托伦特城门非常近——人们后来开始称这座门为"疯子之门"，欧洲其他地方的好奇之人都被这所精神病院吸引过来。这些旅行者回到他们自己的国家后，就向人们讲述瓦伦西亚的故事，这个地方居然收留并照看在那个时代被完全鄙弃和排斥的一类人。关于那所医院的故事渐渐披上了一层传说色彩，在当时人们的想象中，似乎在瓦伦西亚存在某种东西，导致城内"盛产"精神病人。这实际上才是"在瓦伦西亚

① 指阿拉贡国王马丁一世（1356—1410年），又称人道的马丁或老马丁，是前文所说的西西里国王马丁的父亲。——译者注

的月光下”[1] 这一表达的起源，这句话并不是指人在夜幕降临、城门关闭后困在城墙外，而是指一种晕头转向、茫然无措的状态，理论上这种状态是月球的运动引起的。瓦伦西亚，一个充满了疯子和精神病人的城市。瓦伦西亚，一个满大街游荡着失智之人的城市，他们在街道上徘徊，全然不知自己受到未知的月球力量的影响。

这几座壮观的、整个欧洲无出其右的城门，是疯子下令建造的吗？抑或在 500 多年后，将这些城门作为避难所用来保护有史以来最珍贵的一部分艺术品，是疯子所为吗？很可能这两批人都不是疯子，但那些挑起自相残杀的战争、让人们被迫用塞拉诺斯城门储存那些珍贵画作的人，毫无疑问是疯子。因此，尽管塞拉诺斯塔楼在建成后的 600 多年中从未遭受过军事袭击，但在那些可怕的岁月里，它确实经历了人类愚蠢、邪恶行径的围攻。

但愿瓦伦西亚再也不会听到战争的恐怖声音，但愿人们再也不必迫于战争去为同伴、艺术、文化还有美寻找庇护所和藏身处。

---

① 原文“quedarse a la luna de Valencia”直译为“在瓦伦西亚的月光下”，有关这一表达的起源众说纷纭，一般的观点认为，中世纪的瓦伦西亚古城设有宵禁，晚上的宵禁钟声响起后，城门就会关闭，那些错过了时间而无法进入城内的人，就只能就着月色睡在城外了。后来这种说法被用来形容一个人未能达成某项愿望而失望的样子，或是用来形容一个人滞后、落后、茫然无措的样子。——译者注

巴塞罗那：奎尔别墅铁栅门

必要的怪物

我们不懂龙的意义，就像我们不懂宇宙的意义一样，但是龙这一形象中有一些与人类的想象相吻合的东西，于是不同的地区和年代都出现了龙。这样说来，龙是一种必要的怪物。[①]

✦ 豪尔赫·路易斯·博尔赫斯

① 出自《想象的动物》。——译者注

居尔别墅铁栅门

在国王欧律斯透斯看来，英雄没有做满 10 项任务：宰杀勒拿湖的九头蛇、一天之内把奥革阿斯的牛棚打扫干净，没做这两个任务都不作数。在前一个任务中，赫拉克勒斯得到了他的侄子兼朋友伊俄拉俄斯的帮助；而在打扫牛棚这个任务中，赫拉克勒斯收取了报酬，还引流了阿尔弗俄斯和佩纳俄斯河的河水。因此，欧律斯透斯决定再给这位英雄安排一个新任务，一个所有人都觉得不可能成功的任务。

在非常遥远的、接近太阳落下的地方，有一片几乎不为人知的土地，那便是赫斯帕里得斯姐妹的花园。几位仙女在此看守着女神赫拉的金苹果，这种果子能让吃了它的人长生不老，因此是人类所知的最珍贵的宝物。在打败了各种各样的敌人和对手后，赫拉克勒斯终于来到了神话中的果园门前。他本来信心满满地以为只不过是几个仙女看守苹果园，却吃惊地发现还有最后一道难关在等着他。女神赫拉出于对仙女们看守能力的质疑，恐其工作不力，早已派巨龙拉冬来看守园子的大门，这只庞大的怪兽有着巨蛇一样的身体、有力的翅膀和尖利的獠牙。虽然巨龙外表凶残、力大无穷，但还是抵不过赫拉克勒斯之箭的威力。这位英雄杀死了巨龙，拿到了金苹果，就这样完成了他的倒数第二个任务。巨龙虽然死去，故事却还没结束。不久后，为了回馈巨龙曾经的辛苦付出，赫拉将其变成了天龙星座。几千年后，一位加泰罗尼亚的建筑师被这个神话故事吸引，把巴塞罗那西边一座别墅入口处的铁栅门打造成了巨龙的模样。

人们在惊叹于圣家堂、巴特罗之家、米拉之家等高迪其他的杰作时，鲜有人会移步到佩德拉尔韦斯社区，一睹奎尔别墅大门的芳容。诚然，在其他规模庞大、雄伟壮丽的建筑衬托下，任何一条参观高迪作品的旅游路线可能都不会把这个不起眼的建筑列在众多景点之中。然而，忽视它是一个错误，因为它是这位天才建筑师整个职业生涯中最重要的作品之一。

这个大门位于现在的乔治·R. 科林斯大街和佩德拉尔韦斯大道的交叉口，是始建于 1883 年的几座小楼房——奎尔别墅的一部分。奎尔别墅实际上包括两个不同的建筑，即分别位于入口左侧和右侧的警卫室和马厩，它们由 5 米多宽的大铁栅门连在一起，铁门的造型就是巨龙拉冬。

1885 年，铁门在瓦勒特·伊·皮奎尔工坊铸造而成，怪兽最初被涂上多种颜色且有一个隐藏的机关，当门开启时，它身体的一些部位可以活动，巨龙仿佛有了生命。铁栅门甚至还包含星相学的含义，怪物的身体、爪子、尾巴和翅膀的形状与某些星座的星星有关，比如天龙座，还有杀死巨龙的赫拉克勒斯星座[①]以及小熊座。

但是，正如几乎高迪所有的作品一样，建筑的象征意义远不止于此。在入口的右边，铁栅门和马厩之间，耸立着一根高高的、用砖砌成的柱子，柱顶是一棵橘子树的造型。在这里，高迪并没有像古典神话中那样，将赫斯帕里得斯园子里的水果与苹果联系在一起，而是用更具地中海风情的柑橘替代了。这并不是因为高迪记错了，也不是他一时心血来潮。事实上，这是对诗人哈辛特·贝尔达格尔及其诗歌《亚特兰蒂斯》的致敬，这是19世纪末加泰罗尼亚文化的杰出作品，与尤塞比·奎尔（也就是委托高迪设计这扇门的人）的家族密切相关。如果说这件作品在高迪的艺术生涯中非常重要，不仅是因为它的内在价值，还因为它是安东尼·高迪和尤塞比·奎尔的首次合作。一个是建筑师，一个是赞助商；一个是艺术家，一个是企业家。两人的合作将改变他们的一生。

1878年夏天，世界上最激动人心、最令人惊叹的地方莫过于巴黎。早在高迪开始建造奎尔别墅的5年前，法国首都巴黎举办了截至那时为止规模最大的世界博览会。组织方安排的展品吸引了数十万人前来参观。在三月广场公园可以看到自由女神像的巨大头部，几年之后它将作为法国送给美国政府的礼物，漂洋过海

---

① 即武仙座（Hercules），象征物是赫拉克勒斯。——译者注

抵达纽约。在技术展览馆摆放着一些将彻底改变世界的发明，比如亚历山大·格拉汉姆·贝尔发明的电话。6月，博览会的一部分园区用电灯泡照明，这预示着人类历史将迎来一次意义深刻的变革。当时甚至还有一个大型热气球，乘坐它可以从杜伊勒里公园地面升到400米的高空，从那里俯瞰世博会的建筑和热闹。

1878年夏天，似乎在巴黎市中心就能畅游未来，并且在这场盛事的几千名参观者之中，若说有一位是当时西班牙最有远见的人之一，这也是完全合乎情理的。32岁的尤塞比·奎尔是当时西班牙最显赫的企业家之一，他的姓氏如今已经家喻户晓，与其说是因为他创办的公司，不如说是因为他对高迪的赞助，两人的结交始于离巴塞罗那1 000多千米的那场巴黎博览会。

高迪早期的一件作品开启了他之后的整个艺术生涯。这位年轻的建筑师为科梅拉手套店设计了一个玻璃展示柜，被当时在巴黎的奎尔看到。面对这一大胆而实用的设计，尤塞比·奎尔惊叹不已，他决定回到巴塞罗那后认识一下高迪，于是这段长达40年的友谊就此开始，高迪由此创作了一部分他最杰出的作品，并让他的这位朋友兼赞助人的姓氏被后人熟知。

机缘巧合又一次出现，它所拥有的非凡力量是可以彻底改变人的一生的。如果说一项不合时宜的委托让穆夏成了一个优秀的海报设计师，那么对高迪来说，则是一个明显没什么价值的作品为他打开了某个世界的大门，在那个世界中，他将充分发挥自己的潜能。并非机缘巧合的是，神话中看守赫斯帕里得斯果园的是一条龙。两个出类拔萃的人物首次合作的作品是一条金属铸成的龙，这也并非巧合。

在伊鲁伯王国的地下深处，孤山下的一个洞穴中，巨龙守护着矮人们的奇异珍宝。它那坚不可摧的淡红色鳞片就像镜子一样，反射着它周围琳琅满目的金色光芒。许多年来，它盘踞在堆满大厅的财宝和金币上，宝石和黄金已经嵌入了它腹部柔软的皮肤——除了它身体的一小块空隙，那是它唯一的弱点，它的“阿喀琉斯之踵”。

或许很多人读到此处，已经察觉到上文描述的是史矛革，它是近几十年来最有名的龙之一，也是 J. R. R. 托尔金 1937 年出版的小说《霍比特人》的主角。尽管史矛革是 20 世纪的一位作家头脑中幻想出来的角色，但仍然保留了几千年来龙所具有的大部分特征，这些特征让龙成为所有神话中最重要的怪物之一。正如豪尔赫・路易斯・博尔赫斯所说，在人类的幻想中，龙是一种几乎不可或缺的生物。很少有文化中不存在一种类似龙的生物，这也许是因为龙与蛇的关系，以及蛇腹部带有节奏的律动所蕴含的一切象征意义。

在西方，龙通常是邪恶的终极象征。龙总是居住在地底深处或深山洞穴，就像托尔金笔下的史矛革一样，因此它是阴影和黑暗的象征，是地底和地狱力量的代表。作为自然界邪恶一面的化身，龙在很多时候被想象和描绘成几种真实存在的动物的结合体，这种融合也可以暗指宇宙的四个基本元素。因此，有些龙的身体是由地上爬行的蛇和水中潜游的鳄鱼的一些部位组成的，还带有空中飞翔的蝙蝠的翅膀。龙的口中喷出的炽热火焰补齐了第四种元素，也凑成了这个由基本物质构成的怪物，这个生物的存在对我们的祖先来说似乎是绝对必要的。

在龙的众多特质中，有一个对我们而言非常基本的特质，赫拉克勒斯故事中出现的巨龙拉冬，还有奎尔别墅大门上的铁龙应该也具备这一特质。我们今天所说的“龙”① 这个词源于希腊语的“drako”，而这个词又是“dérkomai”的衍生词，后者的意思是“专注地盯着”。因此不难理解，卓越的视力是龙的属性之一，这种关键特质令龙这一生物成了守卫的完美象征。所以，还有什么神奇的动物能比一只口吐火焰、皮肤坚不可摧的飞龙更好地守护一处宝藏或一扇门呢？如此便能解释，为什么在神话故事中赫拉克勒斯要打败的是一条名叫拉冬的龙，也能解释为什么高迪在给他的新朋友兼伯乐设计别墅入口处大门的时候，选择用龙的形象作为门口的守卫。因为奎尔别墅门口的铁龙不是别的，正是一个护身符。

关于护身符的讲述，我们是从普里阿普斯的硕大阴茎开始的，但这类的情色图画并不是唯一用来充当大门保护符的东西。事实上，更为常见的是用动物形象来守卫房屋、庙宇或城市的入口，

① 英语是 dragon，西班牙语是 dragón。——译者注

这种例子很多，几乎在每一种文化中都可以找到。实际上，自远古时期以来，动物就是自然力量的象征，因此它们的形象显然具有一种魔力。不难理解，无论是阿尔塔米拉、肖维、拉斯科等著名的洞穴画，还是霍伦斯坦－斯塔德尔出土的用象牙制成的狮子人雕像（据估计有近4万年的历史），一些最古老的、能称得上是艺术的作品都是对动物的描绘。所以人类在建造宏伟的建筑及其门户时，动物也担任了大门守护者的角色，这是完全说得通的。

很多时候，这些充当守护神的动物，最后演变成了一些想象中的怪兽和生物，它们象征的力量甚至超过了那些更常见的动物。狮身鹰首兽、斯芬克斯、哈皮（鹰身女妖）和奇美拉（狮头羊身蛇尾的吐火怪物），作为秘密和宝藏入口处的守护者，出现在了很多古代建筑中。埃及吉萨的斯芬克斯狮身人面像守护着哈夫拉金字塔的入口；人首牛身像守护着杜尔沙鲁金的亚述王国宫殿——如今它们被保存在卢浮宫和其他博物馆中；还有伊比利亚文化中的守护狮子，类似的例子不胜枚举。当然，还有龙。作为一种结合了多种动物特质的怪物，龙一直是宝藏和大门的守卫。从赫斯帕里得斯的果园到奎尔别墅，它们全神贯注，时刻保持警觉，守护着它们的领地。

虽然龙出现在很多文明中，但这并不意味它的象征含义都是相似的。符号的世界博大精深，在解释某个特定的形象时，很难做出绝对正确的论断。事实上，龙是最能体现文化差异的例子之一，因为在西方文化中，龙几乎总是邪恶的象征。而在东方，很多时候是完全相反的。早在黄帝与龙的神话故事里，这种想象中的生物就受到古代中国人的格外崇拜。从那时起，龙就是皇权的象征，也代表着创造和语言的力量，以及水和雨必不可少的能量，在一些传统中，龙是人类的恩人。简而言之，龙是那个古老的文化中最受欢迎的生物。从一个暴烈的、张嘴喷火的邪恶动物，到一个深谙水性、翱翔于天并为人类造雨的生物，欧亚大陆两端的龙竟如此不同，令人惊讶不已。很少有像龙这样的符号象征，它们表明尽管人类各文化之间有许多相似之处，但人类还是能从一种共同的文化中衍生出多种文明，这些文明对于现实和宇宙的观点有时候是完全相悖的。

即使在今天，东方的龙仍是中国文化的终极象征，它们似乎比欧洲几百年来所想象和描绘的龙更健康。在中国，龙是代表这个拥有 14 亿多人口国家的活力和意志的形象大使；而在西方，龙已被归入神话、幻想文学故事以及艺术和建筑的世界。历史书上出现的几个世纪前那些有趣的时代，是几乎没有人愿意经历的时代。愿我们生活在无聊的时代，因为正是在这样的时代，我们至少可以向往类似宁静和幸福的东西。

那不勒斯：新堡

联结中世纪与文艺复兴的纽带

看一眼那不勒斯，然后死去。[1]

✦ 意大利民谚

原创性在于回归本源。

✦ 安东尼·高迪

---

① 据说源自歌德。——译者注

新堡

来那不勒斯的理由可以有无数个。有人来到这里，是为了寻找古希腊人在意大利土地上创建的最早的居住点遗址；有些人来这里，则是为了观赏以维苏威火山为背景的那不勒斯海湾的日出景象；其他很多人则是受到了世界上最好的比萨饼，以及受意大利美食里面一些非常美味的甜点的召唤，来到了这座城市。那些对艺术和历史感兴趣的人，希望能在充满文物古迹的哥特式神庙和巴洛克式宫殿中，找到这座曾是地中海最大城市之一的辉煌历史的一丝痕迹。还有的人来到市中心，为了瞻仰某位阿根廷球星神奇的头发，这位球星如今被供奉在一家咖啡馆内的神龛上，仿佛半人半神。我甚至还见过一些人，他们来那不勒斯的唯一目的就是向雷蒙德·迪·桑格罗致敬，他是圣塞维罗第七代亲王，也是圣塞维罗礼拜堂的建造者，这座小礼拜堂是一个名副其实的艺术和科学宝库，值得人们专门为它写一本书。我去那不勒斯是为了寻找一个楼梯，然后我遇见了一扇门。

几年前，我正沉迷于研究一种非常特别的哥特式螺旋楼梯。我承认，中世纪晚期的螺旋式楼梯这个话题，似乎还未有趣到值得我投入数小时的工夫和数日的旅行，但人是改不掉自己的恶习、嗜好和恐惧症的。实际上，我去那不勒斯旅行是希望能够看到、研究到并拍摄到一处十分特别的螺旋形楼梯，它是由来自马略卡岛的杰出建筑师吉莱姆·萨格雷拉于15世纪建造的，就位于新堡内。

我上午在城堡下层走了几遭之后，预订了下午第一场导游陪同参观的名额，因为我想看的那个楼梯不在免费参观路线之内。我这个团的人数不多，我们一直上到巴罗尼大厅的高处，从上面的长廊探出身来，可以看到一片巨大的空间。友善的导游做了一番简短的讲解后，我终于得以接近我想看的对象，并对其研究了一会儿，尽管并没有像我原本打算的那样看得够细致、时间够长久。你们已经知道某些景点的导游服务是怎样的了。在这些被严格控制的参观流程内，很难找到片刻的愉悦和宁静来好好品味建筑及历史本身。尽管如此，我还是从近处看到了那个楼梯，对着它拍了几张照片，甚至发现了另一个同类型但鲜为人知的楼梯，那是导游在参观路线结束后费心带我去看的。结束了新堡的第二趟参观之后，我走向出口，打算继续探索一下那不勒斯的古城中心，而就在我转身打算再看这个建筑最后一眼的时候，我才真正体会到这个城堡的壮丽。说实话，那次参观留给我印象最深刻的并不是那两个螺旋式楼梯，而是那个我从中穿过两次却没怎么好好欣赏的大门。有些时候，一扇门需要穿过几次，才能发觉它真正的价值。

和巴罗尼大厅以及螺旋式楼梯一样，新堡的大门也是由阿拉贡国王阿方索五世下令修建的，这位君主被称为“宽宏者阿方索”，他是来自特拉斯塔玛拉王朝的第二任阿拉贡国王。他的父亲费尔南多一世在1412年的《卡斯佩协定》[①]中被推选为阿拉贡国王后，阿方索就成了一大片领土的继承人，包括伊比利亚半岛东部的大块地区，还有巴利阿里群岛、撒丁岛和西西里岛。还未满20岁的阿方索就被加冕为国王，从此开启了一段在那个时代算得上是卓越非凡的政治和军事生涯。这位国王自年轻时就觊觎着那不勒斯，在经历了几十年的战争之后，他终于得偿所愿，于1443年2月23日胜利地挺进了这座城市。在之前的20多年里，阿方索一直在与米兰公爵、法国国王和教皇做斗争；经过了无数的联合、冲突与对峙后，他终于占有了地中海的这颗珍宝，占有了古希腊人的尼亚波利（Neápolis，源自希腊语Νεάπολις，意为“新城”），占有了这座他再也没离开过的城市，他将在此建造他的宫廷，一直住到他死去，也就是15年后。

如果我们集中对比一下阿方索命人为新堡设计的建筑，就可以发现它们非常有趣的一点：既有中世纪哥特式遗风（在阿拉贡王室中的重要性不减当年），又有文艺复兴时期的古典主义创新（一场名副其实的文化地震，最初在意大利萌芽）。因此，早期添

① 卡斯佩协定（Compromiso de Caspe）是1412年建立的一项协议，为的是解决阿拉贡国王马丁一世无嗣而终后，该推举谁为阿拉贡国王的问题。协议最后推选费尔南多一世为阿拉贡国王。——译者注

置到城堡内部的装饰是吉莱姆·萨格雷拉设计的哥特式大厅和楼梯，而气势恢宏的入口（也就是本章的主角）是后来修建的，不管是从布局还是材质上来讲，大门已经完全是古典主义风格了。不管怎么说，这扇门是展现意大利南部早期文艺复兴的一个辉煌例子，也是把一位中世纪国王重新打造成一位古典时期王子的一个例子。它是一面嵌在一座中世纪城堡的塔楼之间的、真正的罗马式凯旋门。

从远处看，阴沉的城堡主体被白色大理石的大门衬托得活跃起来，大门夹在这座法国古堡的两个圆柱形塔楼之间，显得格外耀眼。白色的大理石嵌入深色的火山石，仿佛象征着古典时代的复苏。

展现在游客面前的城堡入口是一个狭窄、高耸的结构，由两个叠起来的拱门构成，每个拱门的顶部各自饰有水平方向的壁缘浮雕。最顶部是大天使米迦勒的雕像，他是率领天国军队的王子，是邪恶势力的征服者，也是这座城堡、这座城市和阿方索的地中海王国的守护者。整个建筑结构非常突出，因为它采用了古典主义完美的、规范的建筑范式——下层是复合式，上层是爱奥尼亚式；此外还采用了众多极其纯粹的装饰元素。

也许最引人注目的是布满整个入口处的浮雕。大门的每个角落都散布着神话中的形象，如狮身鹰首兽、长着翅膀的胜利女神、丰饶杯和丰饶之角——后者代表了王国的财富和繁荣；在几块大石板上雕刻着几十个人物，讲述的是阿方索凯旋进入那不勒斯的场景。然而，在恢宏的入口处的所有纷繁装饰中，还有一个地方可能会被忽略，它是这位君主全部思想的一处关键。虽然只有区区 14 个词，但它们包含的意义和信息比几百张书页还要多。

1 000 年来，它们几乎被人遗忘了。诚然，它们的身影能在那段几乎带有传奇色彩的历史遗留下来的众多遗迹中找到。在那段历史中，人类具有改变河流走向、建造巨大如天穹的建筑的能力。如今人们欣赏它们，但已不再使用它们。似乎有一种崇高的敬意，阻止了人们再次使用它们。唯独在遥远的过去，在那个被称为查理大帝的法兰克国王的统治时期，它们再度活跃了一段短暂的时光，但随后又被人们束之高阁。

在中世纪晚期的意大利，这种情况彻底改变了，那时的文化对一切古典事物抱有一种异常的狂热。雕塑师们开始尽可能地仿制古代雕像；在建筑师们的作品中，可以看到古典范式的身影，听到毕达哥拉斯黄金比例的回音；甚至画家们也试图摇身一变成为当代的阿佩利斯[①]，尽管他们几乎没什么范本可以借鉴。在这样一种环境中，它们终于再度苏醒过来，这也是情理之中的事。那些附着在各个神庙和凯旋门上的壮丽的罗马字母，再度被人们书写出来。棱角分明、硬邦邦的哥特式字母被抛在一边，文本被另一些雄浑的大写字母悄然占据，它们是提图斯凯旋门、图拉真纪

① 阿佩利斯（Apelles），公元前 4 世纪古希腊画家，曾给马其顿的腓力二世及亚历山大大帝充当宫廷画师。——译者注

功柱基座和哈德良万神庙壁缘上的铭文的第一传承者。

随着印刷术的发明，这场革新更加一发不可收拾。从威尼斯出口了几千册古版印刷品，上面印着富有人文气息、具备古典外观的新字体，欧洲的其他地方最后彻底拜倒在这些文本的迷人魅力之下。罗马体字母大获全胜，甚至这本书的印刷字体都很有可能是那些古代碑文字体的继承者，它们从2 000多年前开始，一直伴随我们至今。

安东尼·高迪曾说过，原创性就是回归本源。“宽宏者阿方索”的做法与之有共通之处：他在新堡的大门上用罗马体大写字母刻了两句铭文。为了显示自己与欧洲其他君主有所区别，阿方索将目光转向了本源，转向了古典主义。入口处的整个拱门是对古典时代的一首真正的颂歌，因为它的灵感来自古罗马城市广场的多处凯旋门，或来自腓特烈二世下令建造的卡普亚城门，但门口的铭文在整个作品的象征意义上发挥了重要作用。

阿方索试图让自己在同时代人中，被视为一个真正的人文主义君主。他是文学和艺术的情人，诗人和建筑师的保护神。他利用文化来打造一个强大统治者的形象：既能在战场上打胜仗，又能在和平时代声名远扬；既能挥剑，又能执笔。据传他的行囊中总是装着一本恺撒大帝或提图斯·李维的经典著作，他的官方编年史家甚至声称，阿方索曾经只不过听了几段亚历山大大帝的传记，就摆脱了折磨他的疾病。尽管这纯粹是夸大其词，但这些逸事让我们了解到，阿方索很努力地让自己被大家视为一位当代文艺复兴支持者。事实上，征服那不勒斯后不久，在宫廷中使用了几十年的中世纪哥特式字体开始为古典主义字体所取代。因此不难理解，在给新堡入口的拱门设计铭文时，选用的是一种能让人联想到罗马建筑的古典美学，这种美学并不只是纯粹的文字而已。这些铭文表达的含义比文字本身所呈现的要多得多。这些铭文已经超越了构成它们的文字，传达出的理念是一个辉煌灿烂的年代（那个有恺撒、图拉真和马可·奥勒留的年代）再次苏醒。铭文不仅介绍了阿方索国王的称号，也彰显了他的宽宏伟大、他的文化以及他与地中海地区有史以来最辉煌的一段历史之间的关系。

艺术作品往往有多个层次的解读。除了视觉和审美享受之外，绘画、雕塑和建筑很多时候都包含了极其丰富的信息，让作品更加饱满和完整。就像新堡的这座壮观的大门一样，它所包含的丰富意义在如今旋风一般匆匆来去的旅行参观中很可能就被忽视了。如果参观者有时间对凯旋门的浮雕进行细致观察，就会发现无数迷人的惊喜。正如我们上文所说，从抵达那不勒斯开始，阿方索国王就想把这个城市变成一个十分前沿、创新的文艺复兴的阵地。然而阿方索出生于14世纪末的梅迪纳德尔坎波，那是一个远离一切古典主义精神的西班牙小城，并且阿方索也是在一个完全中世纪的环境里成长起来的。因此，他在青年时代所读、所听到的故事，都充斥着各种闲游骑士、巫师和冒险；这些故事尽管看上去怪异无比，但也在这座那不勒斯城堡的大门上留下了印记。

大门上的多处地方都出现了同一个符号。在阿方索的几名随行士兵的胸甲上，以及骑在一辆由4匹白马拉着的镀金战车上、凯旋的阿方索的面前，都出现了一团在空座位上神秘燃烧着的火焰。它是国王的个人标志。他将这个符号据为己有，用来传达一个隐藏信息。这个神秘的符号旨在表达对阿方索五世的赞美和颂扬。在这个具体语境下，这团燃烧的火焰的形象被称作“siti perillós”，意为“危险的席座”。这个象征符号与阿方索五世钟爱的亚瑟王的故事有关，根据传说所述，这个座位是亚瑟王那张有名的圆桌周围众多的席位之一。在这些故事中，这个座位一直没有人坐，因为根据巫师梅林的预言，座位是留给那位能够获得圣杯的完美骑士的。事实上，如果有任何其他一位骑士胆敢坐上来，就有可能招来杀身之祸或毁灭性的灾难；因此，它被称为危险的席座，被描绘成一张只有火焰占据的空椅子。把这个符号放进凯旋门的设计中，阿方索由此将圣杯与征服那不勒斯王国联系在一起，在胜利攻占那不勒斯之后，他希望自己看上去像是（也希望被人们看作）新时代的加拉哈德——那位安坐于传说中的危险席位而没有丧命或遭受任何灾祸的真正的完美骑士。

我来那不勒斯是为了寻找一处楼梯，最后却偶然发现了欧洲最奇妙的大门之一。这是一个充满了中世纪和文艺复兴象征符号的入口，它被建造于一个极其特殊的历史时刻：一个时代行将消亡，但另一个接替它的时代还没有完全诞生。一半是哥特式的过去，一半是新古典主义的未来，新堡的大门就像古罗马的雅努斯神——一张面孔望向已经发生的过去，另一张看向将要发生的未来。感谢这座壮观的大门，让我认识了一位国王，他同时又是中世纪的一位君主，是文艺复兴最早的一批人文主义者之一，甚至在他自己的想象中，他还是传说中的一位寻找圣杯的尊贵骑士。

在那不勒斯这座千年古城中，在汽车喇叭的喧闹声中，在那不勒斯方言的呼喊声中，在阳台上飘扬鼓荡的衣物中，若你能睁大双眼、留心观察这个城市为你准备的数不胜数的惊喜，你就会邂逅上述所说的一切，甚至比这多得多。你可能不会找到那个能彻底拯救你灵魂的圣杯，也找不到一位像为阿方索生了3个孩子的女人那样的那不勒斯情人，但一块玛丽亚娜比萨[①]会向你证明，只需4种食材，你就能与幸福并肩。

---

① 玛丽亚娜比萨以往昔早餐吃比萨的渔人命名，以番茄、大蒜、橄榄油和牛至叶制成，也被称为“水手比萨”，因为不含芝士，原料可以长期保存，很适合水手在海上航行时烹饪。——译者注

通往历史的门·跨越西方建筑与艺术

通往其他世界的入口

ENTRADAS A OTROS MUNDOS

塞加拉：
法老左塞尔的陵墓建筑

一扇门留给所有生者，
其余所有门
留给一位逝者

突破一切到达彼岸。[1]

✦ 大门乐队

① 原文为 *Break On Through / To The Other Side*，是大门乐队（The Doors）演唱的一首歌曲被收录于专辑 *The Doors*。——译者注

法老左塞尔的陵墓

尼罗河西岸是地球上最特别的地方之一。在开罗的郊区，湿润葱茏的河两岸突然变为炽热赭黄的地方，矗立着几十座金字塔。那些离埃及首都最近的金字塔无疑是最有名的。对我们这些几十年前就读过高中的人来说，法老胡夫、哈夫拉和孟卡拉（也就是基奥普斯[1]、希夫伦[2]和米塞利诺[3]）的巨大陵墓，是古代留下来的一部分最令人印象深刻的遗迹，凡是到埃及旅游的游客，都会用整整一个上午的时间来参观它们。然而，位于植被和沙漠中间那片地带的，可不止吉萨高原上的那些大金字塔。

再往南走，只需几分钟的车程，我们就会看到一系列的建筑古迹，它们向我们揭示了，古埃及文化中金字塔在短短几十年内是如何发展的。如果说 1 000 年前，像门加这样的支石墓已经开始干预、改动、转变大自然的景观，那么伟大的埃及金字塔，则将这种对环境的改造提升到了意想不到的水平。类似支石墓那样的巨石建筑，只不过比周围的平原和草场高出了几米，但这些巨

---

① 埃及法老胡夫，古希腊人称他为基奥普斯。——译者注

② 埃及法老哈夫拉，古希腊人称他为希夫伦，他继承了胡夫的王位。——译者注

③ 埃及法老孟卡拉，古希腊人称他为米塞利诺，他是胡夫的儿子，在其兄（或叔叔）哈夫拉死后继位。——译者注

大的金字塔，给人类带来的价值却达到了几千年都无法超越的高度。就像人类所有的演化和发明一样，金字塔的诞生也有一个开始、一个起点、一个将想法首次付诸实践的时刻。

去塞加拉并不复杂。从开罗市中心出发，只需一个多小时的车程，当然这依赖于埃及首都混乱的交通状况。即便如此，也没有太多的游客选择去那里。与狮身人面像或大金字塔周围拥挤的人群相比，在塞加拉，你可以相对安静地在古代遗迹中漫步，享受一次较为舒适的参观过程。

13 年前，当我第一次去埃及的时候，塞加拉的墓地并没有被我列在旅行线路中，但是到了 2019 年末，它已经成了我再次去埃及的主要动力之一。与参观蒙特城堡那次一样，也是到了旅程最后一天我才得以参观这片地区。然而等待是值得的。

在酒店人员接到我们后，西行的小巴士绕过新的大埃及博物馆的建筑工地，经过不远处吉萨的 3 座大金字塔，向南一转离开了开罗。随着我们距离市中心越来越远，郊区渐渐开始展现出这个拥有 1 000 多万人口的城市那略为陌生、不太可爱的一面。旅游商店让位给了当地的小超市，住宅区的外观越来越破旧。虽然各个角落都堆着成山的垃圾，但孩子们脸上持续不断的笑容和明显安静下来的空气还是吸引了人们的注意。载着全家老少的摩托车全速超过了我们的巴士，田野和庄稼以同样快的速度取代了建到一半的楼房。小巴士向右一个急转弯进入了沙漠，在远处，几个土丘后面，出现了所有金字塔中的第一座——左塞尔阶梯金字塔的塔顶。

法老的这片墓地为一道高大的围墙所环绕，只有一个入口。在距离植被边缘将近500米的地方，历史上第一座金字塔矗立在一片荒芜、炽热的平原中央，即使在一年中最冷的几个月里，这里也炙热无比。从车上下来，踏上通往入口的小路时，可以隐约看到一段修复后的古墙，墙上的黑色矩形门洞在石灰石（产自著名的图拉采石场）背景的衬托下，显得格外醒目。

原有的围墙高10米，长1 500米，圈定了一片将近15公顷的区域，但只留有一扇不超过1米宽的门，如今仍可以通过此门进入陵墓内部。很少有这样的情况：一座气势宏伟的建筑却有着一个几乎无足轻重的入口。几个世纪以来，成千上万的游客前来瞻仰这位已故的法老和他不朽的灵魂时，每个人都必须要通过这个狭窄的入口。但左塞尔的灵魂并不从这唯一的门经过，因为人们为他建造了14道假门，只有法老的灵魂可以通过这些假门随意进出他的阴间宫殿，并跨越尘世和冥界的界线。只有一扇门是留给所有活人的，14道门都是留给一个已经逝去的人。

左塞尔金字塔建于公元前2600年左右，是历史上最有魅力的建筑之一。这位法老下令建造的所有建筑都是由一个人设计和建造的：伊姆霍特普。伊姆霍特普是当时埃及最有影响力和实力的人，仅次于法老本人，他远远不止是有史以来已知的第一位建筑师那么简单。作为财政大臣、雕塑家、大祭司、王室管家、巫师和医生，他的重要地位与日俱增，直到几个世纪后被神化为医学和文字之神。他的智慧水平达到了神乎其神的高度——也只有在历史早期阶段才可能发生这种事。对和他同时代的人和几个世纪后的埃及人来说，伊姆霍特普通晓一切。这种通晓一切的绝对圣贤在当今世界是无法想象的，因为在我们生活的这个时代，知识被划分成精细的门类，术业有专攻才是知识更新的前提。然而在那些遥远的世纪里，一个人确实有可能通晓人类所知的几乎所有知识。毕达哥拉斯、亚里士多德和伊姆霍特普等人物都属于这一类神人圣贤。

塞加拉墓地除了是由历史上第一位已知建筑师设计的之外，历史上第一座金字塔也坐落其中。这座分为几个阶段建成的金字塔，以一个大型的马斯塔巴[①]为基底，在这里可以感受到古王国时期接下来的几个世纪中建造的大金字塔的那种上升感。金字塔的楼梯形状让已故法老的灵魂能够上升到天界，那里众神在等待着他，这是一座里程碑式建筑，奠定了埃及几代建筑的基调。参观塞加拉的最大惊喜之一，就是从左塞尔金字塔可以看到远处地平线上迷人的金字塔建筑群。向南望去，还可以看到法老乌纳斯和佩皮二世等人的陵墓，以及法老塞内费鲁建造的两座著名的金字塔：较近的红色金字塔和十几千米外的、在闪亮的地平线上尤为醒目的弯曲金字塔。但如果你转过头来，向塞加拉西北部的沙

① 马斯塔巴是古埃及墓葬建筑的类型之一。马斯塔巴是平顶、长方形和外部呈斜坡面的建筑，最早的金字塔正是从马斯塔巴演进而来的。——译者注

漠望去，就能在沙丘上方看到哈夫拉和胡夫金字塔突出的塔顶。埃及几个世纪的历史一目了然。数十座法老的陵墓尽收眼底。

穿过狭窄的门洞，进入一条逼仄的、墙壁光滑的走廊。沙漠耀目的光线突然被抛在身后，在穿过走廊的几秒钟内，游客被笼罩在黑暗中。人们经由过道进入一个小房间，从这里延伸出一条长长的走廊，两侧是紧密排布的柱子。这又是人类历史上一个独特的、具有开创性的建筑元素，因为这几十根由考古学家让－菲利普·劳尔修复的短柱，是除墙体以外的其他垂直支撑物存在的最早证据。在这之后，将会出现独立的支柱，然后是高大圆柱的诞生——虽然这并未发生在塞加拉，但若不是因为伊姆霍特普的设计，它们出现的时间要晚得多。

历史上的第一位建筑师，埃及的第一座金字塔，以及建筑中最重要的元素之一（柱子）的发明迈出的第一步。尽管听上去难以置信，但在塞加拉，仍有惊喜和创新待我们去发现，而最大的惊喜或许是还未发现的那个。

左塞尔的阶梯金字塔和其周围的所有建筑，是已知最早使用方石建造大型建筑的例子。在塞加拉，人类开始赋予从采石场开采出来的岩石以形状，将它们变为构成建筑物的石块。进展十分惊人。最初只是几块尺寸中等的方石，渐渐地，伊姆霍特普和工人们，在加工石头这件事上越来越得心应手。在最后完工的建筑群里，可以看到大型石块，还有一些装饰性部件，比如带有凹槽的短柱和装饰花纹。在此之前，埃及和美索不达米亚的所有大型建筑都是以砖、土坯或木材为主要材料的。然而，从伊姆霍特普的建筑开始，石头就再没退出过大型建筑的历史舞台。

鉴于这项工作的难度非同一般，我们不禁要问：为什么会做出这样一个极具革命性的决定？在古埃及法老社会中，一件事若是没有强大的动机，人们是不会去做的，任何创新性举动的背后都有一个明显的意图，而决定建立大型石头建筑群的动机显然是宗教原因。

古埃及的宗教体系极其复杂。在将近4 000年里，埃及人创造出了一整套信仰和神话，其庞大和复杂甚至无法用几句话说清楚。若要理解石块建筑诞生的原因，重要的是理解“卡”的概念，因为两者是密不可分的。埃及人的灵魂并非只有一个单位，而是由不同的部分组成的，其中有两个部分是最重要的：“巴”和“卡”。前者可以与基督教中的个体灵魂这一概念联系起来，而后者则是一种生命力，由神发散给国王，再由国王分给他的子民。在金字塔时代，“卡”可以保证已故法老拥有不死的生命，也确保了宇宙和谐；而石头则是用来保存“卡”的必需之物。石头是永恒、不灭之物的实体象征，埃及人认为法老的“卡”在他死后会居住在石像中，因此人们为法老左塞尔建造了一座真正的石头城，这样他的灵魂就可以永久居住其中，不必担心魂飞魄散。

塞加拉的所有建筑都散发出一种乐观主义精神，这一点不可否认；一种巨大的天真似乎灌注在每一块方石和每一根柱子中。

法老的不死灵魂会在庭院里游荡，在门廊下休息，或穿过14扇假门中的某一扇来进出他的“宫殿”，这种想法在我们看来可能很天真的，但它是一个强大的意念，强大到足以搭建起这个恢宏的建筑结构。

关于上次的埃及之行，我在了解相关背景时发现了一个让我大吃一惊的事实。在建造大金字塔的年代，埃及社会并没有使用钱币。建造诸如左塞尔金字塔这样的大型建筑，是需要极其庞大的组织来完成的，而这个过程居然没花一分钱就完成了。如今仍有人认为金字塔是由奴隶建造的，其实并不是。与之相反，每位法老都雇了一群熟练工人，他们长达几年为法老的陵墓和神庙劳作，给这些工人的报酬是食物和粮食，而不是钱币。我立刻想到了《人类简史》中一个有意思的观点。这部尤瓦尔·赫拉利的著作近年来已在多个国家出版，十分畅销。在这本令人振奋的人类历史书中，最前面的某个章节专门讨论了虚构事物在人类文明构建中的作用。在这位以色列历史学家看来，人类杜撰虚构事物的能力显然非同寻常，这也是将我们与动物区别开来的众多特征之一。赫拉利认为，人类如果不是因为自古以来会编造故事并且口口相传，是不可能组织起数千人和数百万人的大群体的，我们可能到今天还生活在几十个成员的小群落中，靠果子和昆虫果腹。他认为，如果没有这些虚构的故事及其卓越的信服力，人类如今将与现在的黑猩猩无异，或者有可能更糟：我们或许早已被某种天敌、细菌或病毒歼灭，从地球上消失了。

在人类创造的最著名的虚构事物名单上，宗教和种族位列其中，但《人类简史》的独创之处在于让我们从一种不同的角度来看待我们周围的现实。事实上，赫拉利分析的虚构事物之一就是货币。在他看来，货币不是一种必须要有的物品，就像宙斯、埃及的“卡”、苏格兰民族的身份和基督教中的炼狱一样，也不是必须存在的。然而几千年来，是这些虚构的概念推动我们组成大的群体，并完成原本不可想象的宏大目标。就像如今越来越多的人开始质疑某些虚构事物（诸如宗教、种族）的存在，赫拉利提出一种可能性，那就是我们或许会自问，其他的一些抽象概念（比如货币）是否有必要存在。本章并不会去阐述革命性的概念，也不就货币是否真实存在进行探讨，但在参观左塞尔的陵墓建筑群时，一个想法跃入了我的脑海。

从我们如今所处的年代来看，我们很容易倾向于将古埃及视为一种原始文化。它引人注目的宗教，几十位长着动物头颅的神灵，一整套怪异的神话传说，以及冥界生活与尘世生活几乎毫无二致的这种看法……都可以被视为一个古老文明的特征。我们告诉自己，我们不会陷入这些神话和幻想。我们生活在一个进化得更加发达的世界中，神话故事在这个世界里没有容身之地，我们试图这样说服自己。

然而，几个世纪以来被我们一点点建造起来的这个世界中，存在很多魔幻的思维。就在几段之前，我们对一个天真的社会进行了探讨，这个社会中的人们试图把“卡”的神奇生命力保存在石头物件和建筑物中。当我穿过法老左塞尔陵墓入口的门时，我忽然想起，那些人相信不朽的灵魂，但不相信货币，于是一个问题开始慢慢在我脑海中成形。究竟哪种想法更不理智呢，是想用物质形式保留住飘飞的灵魂，还是剥去固体物质原有的形体、令其变为一种轻若无物的东西？人类所使用的货币在几千年前就出现了，最初是以贵金属小碎片的形式存在，但从那时起，货币经历了不断演化，最终几乎失掉了所有的物质属性。从黄金白银到不值钱的金属硬币，之后变成脆弱的纸片，再到我们在屏幕上看到的不断闪烁变动的数字，我们并不真正知道它们到底在哪里——如果它们真的存在的话。如果说货币本身已经成了一个虚构之物，并且我们已经把它变成了某种虚无缥缈的东西的话，那么或许还是那些埃及的灵魂更加真实，因为他们在穿过陵墓的某个假门之后，至少还可以回到他们的石像中休息一下。

博物馆有时被戏称为艺术品的墓地，有人认为，没有什么能比在最初的地点观赏某件艺术品更好的了，因为艺术品就是因这个地点而被构思和完成的。我几乎完全同意这个观点，但并不包括我们所说的当代艺术，因为当代艺术的设计初衷就是在且仅在某个博物馆里展出。博物馆仅是为了展出文艺复兴时期的画作或巴洛克时期的雕塑就困难重重了，而轮到展出埃及艺术时，问题则更为棘手。

我们前面已经了解了如今被我们称之为假门的东西在古代埃及陵墓中的作用。几百扇这样的假门，被人从它们原先所在的马斯塔巴和金字塔上拆下来，装到货船上，送往所谓的西方世界的各大首都。现在它们陈列在多个博物馆里，比如巴黎的卢浮宫、伦敦的大英博物馆和纽约的大都会博物馆。有时候我在心里默默希望那些逝者的灵魂，不要因为没法穿过这些门而被困在某个地方。尽管在其他时候我会认为，若是这些灵魂真的可以穿门而行的话，情况或许会更糟糕。灵魂们忽然发现自己置身于离平静的尼罗河西岸十分遥远的地方。它们面前是成群的游客、手机和照相机。灵魂们游荡在一个它们已经完全认不出来的世界之中。我几乎可以肯定的是，它们想立刻回到塞加拉，长眠于左塞尔阶梯金字塔的荫庇之下。

马塞尔：巴巴罗别墅

通往图画世界的虚掩入口

镜子用来照见脸庞；艺术用来照见灵魂。

✦ 萧伯纳

巴巴罗别墅

在欧洲，鲜有像威内托大区这样的地方：其首府的光芒令整个地区黯然失色。甚至从威尼斯本身的名字来看，它似乎吞没了它周围的所有省份，仿佛除了这座潟湖之城以及它的水道、宫殿之外，没有任何东西存在。甚至佛罗伦萨也没有这么大的能耐。尽管美第奇家族的这座城市[①]享誉世界，但托斯卡纳大区仍像磁石一般吸引着游客前来，也只有拉齐奥大区可以与威内托大区的情况相比。

对很多来到意大利东北部这个角落的外国游客而言，除了那座最重要的岛屿城市之外，威内托大区就没什么别的可以看的了。顶多有几批游客在威尼斯附近的维罗纳待上一天，他们更多的是为假冒的朱丽叶的阳台所吸引，而不是为这个有趣城市的美景所吸引。人们对威内托大区的其他地方一无所知。这是一个遗憾，因为威内托是一个具有杰出文化和艺术财富的地区。距离威尼斯不到 100 千米的地方，你可以参观迷人而壮丽的特雷维索，也可以参观宏伟的帕多瓦——在斯克罗威尼礼拜堂和圣安东尼奥大教堂里有画家乔托的精彩壁画。如果这还不够，那么该地区最诱人

① 指佛罗伦萨。美第奇家族是佛罗伦萨15—18世纪中期在欧洲拥有强大势力的名门望族。——译者注

之处可能就是有史以来最具影响力的建筑师之一，在威内托平原上留下的诸多作品。对任何一个热爱文艺复兴时期建筑的人来说，维琴察周边地区都是名副其实的朝圣之地，建筑师帕拉第奥的全部杰作几乎都在此地，他所建造的那些雄伟别墅也矗立于此。

在我的记忆中，巴巴罗别墅似乎总是与夏天有关。马塞尔这个小镇我去过两次，每次参观都差点被热得令人窒息的天气毁于一旦。即使到了下午时分，也不能获得些许喘息的机会，从停车场到别墅入口的这一小段路成了一种酷刑。除了高温之外还有疲惫：一整天都在参观帕拉第奥在维琴察的其他作品，如奥林匹克剧场、帕拉第奥巴西利卡[①]或著名的圆厅别墅，后者也许比巴巴罗别墅更为人所知，但在我看来，它不如巴巴罗别墅那般令人遐想、引人入胜，具有神奇的魔力。

参观这座别墅多少带点仪式感。到达购买门票的小厅后，会有人亲切地提醒你穿上一双布做的鞋套，以免损坏宝贵的木地板。参观者的数量通常不多——考虑到藏在这座建筑墙内的奇观，这一点一直让我觉得惊讶。游客相对较少，再加上游客的脚步声有所减缓，几乎没有噪音，这使得别墅内的参观过程出奇的安静，令参观体验更加愉悦惬意。

10 多年来，我一直在研究并向人讲解这座别墅，然而不管我再怎么努力回忆，我都想不起来在那两次参观中我穿过了几扇

① 巴西利卡（Basilica Palladiana）是古罗马的一种公共建筑形式，其特点是平面呈长方形，外侧有一圈柱廊，主入口在长边，短边有耳室，采用条形拱券作屋顶。——译者注

门。我唯一可以肯定的是，在每一次参观时，我都以一种即便不是形体上的，也是感官上和精神上的，并且以迷人的方式穿过了4扇非常特殊的门。一位猎人、一名贵妇、一个侍从和一个女孩向我开启了这4扇门，下面就是他们的故事。

这回我们可以完全确定别墅的主人是亲戚关系。马坎托尼奥和达尼埃尔·巴巴罗是货真价实的兄弟俩，正是他们委托伟大的建筑师帕拉第奥在“大陆领地”[①] 为他们建造住宅。16世纪中期的一个常见现象是，威尼斯的贵族家庭在该地区的腹地建造大型住所，而在这些别墅建筑上可以看到实用性与诗意的结合。葡萄牙人和西班牙人开辟了通往东方的新航线，遏制了威尼斯的商业霸主地位，于是农业便成了一个威尼斯共和国最尊贵的赖以生存又不可或缺的行业。然后，人们对建筑的需求在这些绝对实用的功能之上，又加上了一种对唯美乡村生活的渴望。兴建这些乡村住宅的威尼斯富人，认为自己是在模仿一种曾经被瓦罗[②]、加图[③]和科鲁美拉[④]等古罗马作家所定义和捍卫的理想生活。因此，这些别墅旨在成为宫殿和农场的综合体，成为一个既可以收获大地果

---

① 大陆领地（Terraferma）指中世纪的威尼斯共和国的陆地部分，与之对应的是海洋领地（Stato da Màr），如今的意大利威内托大区曾是大陆领地的一部分。——译者注

② 马尔库斯·铁伦提乌斯·瓦罗（公元前116年—前27年）是罗马时代的政治家，著名学者，著有关于农业的三卷本论述。——译者注

③ 马尔库斯·波尔基乌斯·加图（公元前234年—前149年），罗马共和国时期的政治家、演说家，也是一位亲身从事农业管理的农学家。他所著的《农业志》是罗马历史上第一部农书。——译者注

④ 科鲁美拉（公元1世纪），古罗马杰出的农学家，著有《论农务》一书。——译者注

实又可以提炼心灵成果的地方。而在当时，没有一个建筑师能够像安德烈亚·迪·皮耶罗·德拉·冈多拉那样将这些理想付诸现实，这位建筑师有一个更为人熟知的名字：安德烈亚·帕拉第奥。

帕拉第奥出生于帕多瓦，在游学罗马期间吸收了古典建筑的知识，在他生命的后半段，他几乎只在威内托工作。他在那里既建造了城市宫殿，又建造了教堂，但也许是他所建造的一栋栋别墅，使他成了文艺复兴时期最伟大的建筑师之一。帕拉第奥为巴巴罗兄弟设计的别墅是他最杰出的作品之一，这座建筑结合了乡村风格和宫廷风格，然而，如果不谈及16世纪中叶意大利的另一位艺术天才，我们就无法完全理解这件作品。因为这座建筑不仅是古典主义风格的墙体、拱顶、柱子和山墙的完美结合体，也糅合了建筑与绘画、物质与图像。事实上，我们接下来要经过的这几扇门并非出自建筑师之手，而是来自一名画家。它们不是有形的门，而是一个人画出来的门，这个人装饰了整个别墅的内部，他就是保罗·卡尔亚里，也就是众所周知的保罗·委罗内塞。

委罗内塞出生于维罗纳，终其一生都在威尼斯工作，同帕拉第奥一样，他也在罗马接受了艺术熏陶。在那里，他没有研习几乎已不存在的古典绘画，而是为与他同时代的一些人的杰出作品所吸引，特别是米开朗琪罗为西斯廷教堂所作的壁画。他在这座永恒之城学到的东西奠定了他与建筑师合作的基础，因为正是在这座别墅里，他第一次面临这样的内部装饰任务：把几个房间都绘上壁画。巴巴罗兄弟想要打造一件真正的整体艺术作品：一栋别墅，其中的建筑和绘画相互补充、相互对话、相得益彰，并创造出一件凝聚各个时代艺术的杰作。当游客穿过入口进入别墅的可参观部分时，令人惊讶的不仅仅是空间和厅室的巧妙排布。当游客的脚底触及奢华的木质地板时，便会产生一种迷醉的感觉：不仅身处于一座建筑内，而且身处于一个将他完全围绕的图画世界里。

所有的墙面都为壮观的、色彩鲜艳的壁画所覆盖，嵌着四周乡野风光的窗户与绘有古典主义祥和景致的拱券融为一体。墙上有假的壁龛和壁架，以及看起来像是靠在墙角的长矛和旗帜，而实际上它们只是绘在墙壁光滑表面上的画作。在一间被称为“奥林匹斯厅”的房间里，天花板似乎是敞开的，向着无垠的天空，而巴巴罗家族的几名成员从一个画出来的栏杆上向外探出身子。

除了这些场景和视觉上的展示，所有图画装饰中最令人迷惑的是4扇画在墙上的、半开半闭的门，当我们漫步在别墅内部时，它们的出现令人吃了一惊。其中两扇门出现在长长的透视景的末端，通过排成一条直线的门洞可以看到它们，一个猎人和一位女士穿过这两扇门进入我们所在的世界，许多学者认为这是画家的自画像和他的妻子埃琳娜·卡尔亚里的画像。另外两扇假门则更加引人注目，因为我们不是从远处看到它们，而是在转过一个拐角、进入别墅的中心大厅时与它们邂逅。一名侍从和一个小女孩探出门外，似乎在邀请我们与其做伴，邀请我们跨过横亘在我们的有形、实体的现实世界和他们所在的平面、图画世界之间的界线。

1420年，菲利普·布鲁内莱斯基在佛罗伦萨开启了他最重要的一段艺术生涯。他已43岁，之前的人生过得并不轻松。1401年在佛罗伦萨洗礼堂大门青铜浮雕的制作权竞争中落败后，他完全有理由决定离开自己的城市前往罗马，就像帕拉第奥和委罗内塞在几十年后所做的那样。当回到佛罗伦萨并深入研究了古典时代遗迹后，他开始陆续接到委托。1420年，花之圣母大教堂的巨大穹顶刚刚开始动工，这项工程将为布鲁内莱斯基带来永恒的声誉。与此同时，他还在进行佛罗伦萨育婴堂的项目，并且即将接到美第奇家族的委托，建造圣洛伦佐大教堂。

毫无疑问，布鲁内莱斯基设计的建筑由于其在构造和艺术上的创新，在文艺复兴时期的建筑中可谓前无古人后无来者，但他的另一项创新成果则产生了更深远的影响。1420年，布鲁内莱斯基发现了被我们称之为透视法的绘画方法，这一发现彻底改变了绘画世界。以至于600年后，他的透视结构仍然被认为是表现我们周围世界最有效的方法之一。他在两块画板上画下了历史上首批透视构图，然而遗憾的是，这两块画板现已遗失，不过我们从当时的资料中可以得知，画板描绘的是佛罗伦萨的洗礼堂和维奇奥宫。保存至今的唯有一个个实例，足以证明他的这一发明对当时绘画技巧产生了巨大影响。

几年后，他的一位年轻朋友马萨乔完成了一幅作品，它被认为是第一幅运用透视法这一新发明的伟大画作。在圣玛丽亚诺韦拉教堂的《圣三位一体像》这幅壁画中，我们可以看到墙壁好似消失了，变成了一个包含场景中人物的建筑空间。自此开始，透视法的运用一发不可收拾。古老的镀金背景是中世纪绘画的典型特征，而现在则完全为画上去的建筑所取代。最先开始运用透视法的是祭坛画和宗教画，但很快，透视法就蔓延到了书籍插图和纸质印刷品中。到了 15 世纪下半叶，画家们对这一技法的运用已经趋于纯熟，他们能够将其应用在大面积的壁画上，因此就有了覆盖整个房间墙壁的画作。透过这些画上去的假门和假窗，房间似乎向外敞开了。一种新的装饰画诞生，在那个时代被称为“quadratura”①，但现在更多的是用法语中的“trompe-l'oeil”②一词来称呼，西班牙语将其翻译为“trampantojo”。

人们渴望利用使墙壁消失的绘画技巧，在视觉上扩展空间的这种现象，早在罗马帝国时期就存在了。不管是在维蒂之家，还是在许多与之同时代的庞贝古城遗迹中，都保留了一些房间，它们的墙上绘满了企图欺骗人们视觉的建筑图画。然而，直到文艺复兴时期，透视法才进化到能够创造出逼真的视觉陷阱，达到迷惑观看者的效果。

毫无疑问，委罗内塞在巴巴罗别墅内画的假门，是体现这种错觉艺术的最杰出例子之一，但不得不说，视觉陷阱的发展并没有

---

① 指天花板错觉装饰艺术，英文名为“Illusionistic ceiling painting”，是在墙壁和天花板上绘制的大型文艺复兴和巴洛克绘画，使用三维绘画技法，在二维平面上产生无限空间的错觉。——译者注

② Trompe 意为迷惑、欺骗，l'oeil 意为眼睛，Trompe-l'oeil 可以理解为“欺骗眼睛”，汉语译为“错视画”，也被译为“乱真之作”“逼真画”或“视觉陷阱”。——译者注

止步于像本章中所述的这类杰作。在17世纪和18世纪，巴洛克艺术对应用于建筑上的透视绘画进行了极致探索，达到了几乎无法超越的高度。彼得罗·达·科尔托纳为罗马巴贝利尼宫绘制的天花板，或罗马耶稣会教堂和圣伊格纳西奥教堂的穹顶，分别由画师巴琪奇亚和安德烈·波佐绘制，这些优秀的例子展示了透视法能够使建筑的有形变为无形，并在视觉上扩大建筑的内部空间。

遗憾的是，这类绘画的辉煌时期行将结束。如果说很多视觉陷阱的目的是在视觉上将房间拉伸延展的话，那么到了19世纪，某种材料的完善则意味着透视画黄金时代的终结。随着大面镜子的工业化生产，室内装饰者手中拥有了一件神器，可以使任何空间在视觉上翻倍增加，并使室内显得更加亮堂、宽敞。再加上20世纪的大部分时间里，人们对繁复装饰物的热情逐渐冷却，因此错觉艺术画就注定要消弭了。清晰是清晰了，魔法却不再了。

711厅位于卢浮宫一楼，也被称为议政厅。这是整个博物馆游客数量最多的展厅，几十名疯狂的游客试图给整个西方艺术中最著名的作品之一拍照。在这群人的面前，达·芬奇的《蒙娜丽莎》脸上似笑非笑，无动于衷。在展厅的另一端，一幅巨型画作几乎被大部分游客忽视了。委罗内塞的《加纳的婚礼》无疑是他最好的作品之一，它充满了精湛的技艺和鲜明的色彩，却被放在了整个博物馆中最糟糕的位置之一，与它同一展厅的“室友”独占了所有人的注意力。就像一群朋友之中那个吸引了所有目光，而把其他人置于次要位置的伙伴一样，蒙娜丽莎也具有如此大的吸引力，它能够让人忘记在它周围还挂着别的杰作。似乎画家委罗内塞如今在诸多方面都遭受了不公待遇。不仅他的作品被放在不可能吸引游客注意力的展厅之中，并且几乎可以确定的是，如果他现在还活着的话，少有人会委托他用错觉艺术画给自己的住宅做室内装饰——就像他给巴巴罗兄弟的别墅画的那样。他甚至可能很难找到一份给人画肖像的工作。

很多时候，镜子取代了绘画，我们可以视之为一种真正的损失。不管看起来如何，我们的世界在视觉上已经变得乏善可陈。诚然，我们从未为如此多的图像所包围，但这些图像也确实从未如此具有重复性，如此贫瘠，如此缺乏意义。我们的屏幕弹出数以千计的照片和视频，然而几乎所有的照片和视频都是容易遗忘的，因此马上就会被抛之脑后。在家中、商店中窥探着我们的镜子真实还原了人们的形象，但并没有传递出真正的艺术所触发的那种感觉。

在过去，画家们创造出新的世界，既在视觉上，又在象征意义上扩展了我们的现实。画作的静止不动这一固然属性，迫使艺术家们近乎绝望地寻找展现其作品的最佳方式，因为一个静止的瞬间必须要能够讲述一个完整的故事。很多时候，那些绘画和视觉陷阱已经为复制、颠倒现实形象的镜子所取代。我们所居住的这个世界充斥着各种重复的、倍增的映像，它们可以被看作当今生活所面临的多面性、复杂性现实的一种象征。然而，对我而言，它所表明的是我们这个时代的深刻的自我中心主义。尽管也许人类在各个历史时期一直都是自大狂，有所变化的只是这种自我主义在文化和艺术中的表现方式。

巴巴罗别墅中那些画出来的门通向何处？侍从和女孩邀我们进入的那些虚掩之门的后面，藏着哪些新奇的小路？在走廊深处穿过假门进入别墅的画家及其妻子从何处而来？这些问题没有确切的答案，不过我们可以在别墅中找寻线索。虽然别墅位于大陆腹地，但在住宅的建筑中，有两处与水有关的元素十分引人注目。在主入口处，一尊海神尼普顿的雕像立在一个巨大装饰喷泉的上方；在别墅的另一端，即房子最隐秘之处，巴巴罗兄弟命人建了一座宁芙神庙，这是一座供奉水仙的神庙。别墅的选址并不是毫无理由的，山坡中间涌出一处喷泉，正是在这个喷泉上方建起了别墅，因为喷泉在传统意义上与祖先的古典崇拜有关。马坎托尼奥和达尼埃尔痴迷于与古典时代有关的一切，于是他们选择将这眼清泉作为整个房子的象征性中心。海神尼普顿和仙女们，一个是海洋的主宰，一个是山泉水井的精灵。潺潺水流声将我们带到了威尼斯和它的条条水道。

委罗内塞所画之门后面的小道是否有可能就通向那里？就像条条大路通罗马一样，巴巴罗别墅的所有假门是否有可能都通向威尼斯？如果我能够跟在那个示意我们跟随她的小女孩的后面，我是否有可能会出现在威尼斯大运河畔的巴巴罗别墅中？就像一本书、一首诗或一段旋律在某些时刻将我们带至一个不同的现实中去一样，图画也可以发挥这般魔力。要开启这类门，你只需要让自己任由想象力引领，因为它是开启画中之门的最好的钥匙。

德绍：包豪斯校舍建筑

通往现代世界的大门

从沙发垫到城市建筑（的设计）。

✦ “德意志制造同盟”口号

文化的演进就是去掉日常物件上面的装饰。

✦ 阿道夫·路斯

所有人都在朝圣。我们每一个人都在寻找一个地方、一个想法，或是一个我们认为能够将希望与憧憬寄存其中的特定空间。宗教朝圣或许最为人所知，也最普遍，但它们并不是唯一的朝圣。许多人前往麦加，围着几百年前坠落在沙漠中的一块陨石打转；有人前往佛教或神道庙宇；还有人步行数周去拥抱某个乘船抵达孔波斯特拉的使徒的遗骸。我们甚至还知道有一群史前战士漂洋过海，最后被埋葬在一圈大石块附近。当然，还有方式更温和的、甚至是居家的朝圣：从床上下来再到沙发上，打开电视，连看几小时的足球或八卦新闻，也不失为一种朝圣。每天等着街角的那家酒吧开门，然后与朋友共饮一杯咖啡，小酌一杯红酒或啤酒，也同样带有近乎宗教仪式的意味。弗拉门戈爱好者会去西班牙的赫雷斯，法多[1]爱好者去葡萄牙的里斯本，摇滚爱好者去孟菲斯，足球迷会去马拉卡纳或温布利球场，而那些钟情于卡拉瓦乔的人则会情不自禁地在罗马的教堂和礼拜堂里找寻他的踪迹。

对现代设计爱好者来说，也有一个朝圣之地：德国小城德绍。

---

① 法多（葡萄牙语：Fado，意为命运或宿命），或称葡萄牙怨曲，是一种音乐类型。——译者注

1925 年 12 月，包豪斯的新校舍在此地落成。这所学院虽存世短暂，却对一种新的美学和功能语言进行了丰富的探索，在接下来的 50 年中，这种语言将会彻底改变设计和建筑的风貌。我已去德绍朝圣过两次，并且我希望在所有人早晚都要起程的最后一次旅行之前，再去那里朝圣一次。

从柏林开车过来只需要一个多小时。当你到达德绍时，这个城市会让你感到惊讶：几乎找不到任何类似古城区或历史遗址的地方。没什么可辩驳的。我来这儿不是为了寻找巴洛克式的教堂或中世纪的小巷，而是为了寻觅一座即将满百岁的现代大教堂。为了抵达目的地，我必须穿过铁轨，进入一个乍看毫无亮点的街区。笔直、整洁的街道两侧绿树成荫，没有任何显眼的高大建筑，自行车飞驰而过，几名孩童在公园里玩耍。在这个阳光明媚的夏季清晨，你几乎听不到汽车的声响，却可以听见鸟儿的鸣唱。

从我停车的地方再往前走几米，视野便豁然开朗，远处隐约可见建筑的几何体身躯，以及几个垂直排列的、神话般的金属字母。灰底白字，无衬线字体，大写字母：BAUHAUS。在字母牌的下方，有一块突出来的小平台，就在一扇红色的小门之上，但门是关着的，显然，这个入口不可能是进入这座恢宏建筑的通道。我沿着一面巨大的外墙步行，墙体已经被玻璃板取代，然后我来到一个交叉口。我向右一转，看到整片建筑分为几座楼体，每座楼体都是不同的构造，但所有楼房都浸透着一种彻底的、近乎当代风格的现代美学。终于，我自认为找到了主入口：3 级台阶，一个与我之前看到的相类似但更宽大的突出平台，一个位于中央的、被涂成红色的双扇门，两侧又各有一扇门，门的上方写着相同的字母，但这次是水平方向的。黑底白字，无衬线字体，大写字母：BAUHAUS。

包豪斯原是1919年在德国魏玛成立的一所设计和建筑学院，我刚才所描述的既非它的第一扇门，也不是它的最后一扇门。该校创办人及首任校长是建筑师瓦尔特·格罗皮乌斯，包豪斯的成立来自魏玛的艺术学院和工艺美术学院的合并。从那时起，包豪斯在其整个历史上的主要追求就一目了然了：将艺术世界和我们今天所知的设计以一种和谐、有成效的方式结合起来。不过，这样的结合必须要有一个催化剂，而建筑就是两者之间的黏合剂。包豪斯学院的名字直译是"建造之家"，这一称呼名副其实，而该机构的每一部分都努力地指向同一个目标：将各个学科融合在一起。

包豪斯学院仅存世短短14年，却对世界产生了深远影响，这一事实确实令人惊讶不已，不过在这十几年里，包豪斯经历了几个阶段，并不是每个阶段都对现代设计的发展有积极意义。包豪斯在许多方面都是一所极具弹性和灵活性的学院。它是一所随着时间不断演化的教育机构，不断适应不同的思想潮流，并且那个时代的一些十分杰出的人物也曾在包豪斯任教。事实上，格罗皮乌斯在学院成立之初最突出的贡献或许就是他的信念力量。当时的德国饱受战争摧残，经济、社会和政治问题日益严重，纳粹主义兴起，在这种情势下，包豪斯学院吸引了数量惊人的创意人才。德国艺术家利奥尼·费宁格和奥斯卡·施莱默，瑞士艺术家保罗·克利和俄罗斯艺术家瓦西里·康定斯基，这些只是所有跟随格罗皮乌斯来到魏玛的人里面最有名的几位，仿佛格罗皮乌斯是现代的哈默林的吹笛人一样。但如果说有谁对建校初期的包豪斯有过重大影响，那个人无疑是约翰·伊顿。

头发全部剃光；圆框眼镜透出明慧、有远见的目光；身穿自己设计的神父模样的罩袍，这让他看起来像一名上师，一个信奉某种奇怪宗教的僧侣，或是某个古怪异教里的救世主。就这样，瑞士人约翰·伊顿于 1919 年中来到了魏玛。几个月后，他接手了学院的初级课程，所有学生都必须通过这门课，即著名的“Vorkurs”①，20 世纪有很多关于这门课程的文章和讨论。多年来，伊顿一直是玛兹达教的虔诚信徒，这是一种诞生于 19 世纪末的拜火教，在当时的德国有许多追随者。它的基本思想围绕着和谐这一概念。对其信徒来说，生存的终极目标是恢复某种普遍的和谐，在这种和谐中，人类可以与周围的现实进行沟通。达到这种平衡的人能够成为一个有创造力的人，因此伊顿想要将这些思想引入他的课堂。这种和谐可以通过各种练习和行为模式来实现。通过呼吸动作放松身体，练习集中精力；通过吃素、禁食达到净

① 德语，意为“预备课程，初级课程”。——译者注

化身体的目的。这些只是伊顿向魏玛时期的包豪斯学院引进的所有规则中的一部分。他的思想充满了显而易见的神秘主义和带有主观性的浪漫主义，但这并不是我这次来要寻找的包豪斯。伊顿的那个包豪斯消失了，因此接下来要出现另一个人物，在他面前，以前的那个包豪斯黯然失色。

头发总是纹丝不乱；戴着单片眼镜和高礼帽；身穿剪裁得无懈可击的西装，黑色衬衫，白色领带，看起来是一位克制、严肃又完美的绅士。自从 1921 年 4 月，荷兰人特奥·凡·杜斯堡决定搬到魏玛后，他就一直以这样的形象在城里走来走去，他声称自己的目标是成为包豪斯的一名教员。他最终也没能让格罗皮乌斯雇用他，这个四处游走的荷兰人最后却成了学院历史上最具影响力的人物之一。那么，他是如何做到这一点的呢？答案既简单又令人惊讶：通过教学。

在确认自己不会被录用后，凡·杜斯堡决定建立自己的工作室，在那里教授先锋艺术的基础课程，先锋艺术是几年前他与画家彼埃·蒙德里安共同创立的。荷兰的新造型主义也被称为风格派，与伊顿倡导的艺术形式完全相反。荷兰人崇尚客观性、理性和几何学的至高价值，认为几何学是能够理解世界、抽象地表现世界的唯一有效工具。与伊顿及其追随者的个人主义和主观主义相反，凡·杜斯堡主张艺术和设计要建立在理性的、数学的、冷静的、精神的、脑力的、平和的事物的基础之上。短短几天的时间，凡·杜斯堡就有了 25 名以上的学生，其中许多是包豪斯学院的学生，他们来到这个荷兰人的工作室，寻找能使学院气氛再度活跃的新思想。接下来的几个月里，魏玛的街道上展开了一场艺术斗争，这场斗争发生在两股伟大的势力之间，它们奠定了20世纪头几十年的艺术基调。凡·杜斯堡最后赢得了这场战斗，这是一次全面的、不折不扣的胜利。

包豪斯的思潮变迁史是我在课堂上最喜欢讲授的话题之一。每年来上我的课的班级中，没有一个人不曾听过我热情洋溢地谈论伊顿、凡·杜斯堡或在那场革命中起主导作用的其他人物。每年我都试图深入细节，试图更好地了解发生了什么以及如何发生的，但基本的故事总是一样的，都始于凡·杜斯堡来到魏玛的那一年。

杜斯堡的课程开始几个月后，形势开始有利于这位主张新造型主义的荷兰人的现代思想。伊顿在学院内部逐渐失去了人气，他的理论和技艺也渐渐被人们抛之脑后。这种不断变动的气氛在苏联建构主义的影响下变得更加复杂，主张该主义的人是埃尔·利西茨基，他是欧洲最具创新精神的设计师之一，当时以布尔什维克共产主义政权文化专员的身份居住在德国。所有这一切导致伊顿最后被解雇，学校雇用了匈牙利人拉斯洛·莫霍利－纳吉，他自称是“后天之人”。格罗皮乌斯终于屈服于新的现代思潮，伊顿的表现主义残留下来的影响几乎在眨眼间就消失了。

当右翼政党在图林根州的联邦选举中获胜时，学院本身的安全和稳定也同样迅速地消失了。短短几个星期里，格罗皮乌斯和其他教师就不得不面临这样的事实：魏玛校舍关闭，学院活动也很有可能永远停止。然而，萨克森州的德绍市向包豪斯打开了一扇门，包豪斯的第二处校址即建在这里，学院将从此处走向不朽。

在德绍，一切都得从头开始。魏玛时期的包豪斯校舍占用的是一座现有的建筑，出自比利时建筑师亨利·凡·德·威尔德之手，但在德绍，这里什么都没有。市政府划给学院一块巨大的地皮，就在市中心的西北方向，这个地方几乎空无一物，新楼落成前的几张航拍照片可以证实这点。新校舍的整个设计要归功于格罗皮乌斯本人的建筑学知识，并且由于在材料和建造方面加入了一些最新的现代理念，校舍在前所未有的短时间内建造完成。事实上，这所校舍成了包豪斯学院的真正象征，也成了对两年前学院内发生的种种变动的一个隐喻。

格罗皮乌斯设计了几个棱柱形楼体，每个楼体承担学校的一个特定功能。这是功能主义的一个绝佳范例，因为每一个矩形棱柱的设计都根据其所承担的任务进行塑造、调整。一座高大的 5 层楼是学生宿舍，底层是食堂；另一座修长的楼房里面是教室；第三座楼几乎全部由玻璃覆盖，以便光线能够进入实践工作坊；最后两座楼房，一座是礼堂，另一座较高的是教师和领导的办公室。当然，所有这些楼房都是以绝对现代的风格建造的。外部是被涂成白色的钢筋混凝土，以及金属和玻璃——很多很多的玻璃。在 20 世纪 20 年代的技术条件下，包豪斯尽其所能地使用尽可能多的玻璃，将建筑的某些部分变成了名副其实的发光立方体，照亮了即将到来的新世界。

建筑物的正门本身就是包豪斯所捍卫的风格的最佳示范。新的美学应该是一种机械美学，在机器上面投射构建新艺术的理想。这并不是学校的原创思想，因为它可以追溯到20世纪初的众多前卫运动和创作者身上，但在包豪斯，这一思想得到了前所未有的实现和投射。大自然不再作为灵感的来源。在穆夏为富凯珠宝店设计正立面之后不到20年，艺术和设计的坐标已经发生了天翻地覆的变化。花和植物卷须为金属螺母和铆钉所取代，自然界的波浪线条为笔直的线性几何所替代。在直角、水平线和垂直线的强烈冲击下，温和、柔软的曲线消失了。所有这一切在包豪斯的正门可以看得一清二楚，那里唯一的一抹装饰物便是涂在金属门框上面的红色，剩下的就是几何学、功能性、混凝土、透明度、平衡和朴素。

在德绍，包豪斯试图完成一个既雄心勃勃又富有远见的乌托邦项目。它的理想并不仅仅局限于建筑领域，而是对设计的每个分支都产生了影响。极具现代风格的无衬线字体和富有革命性的平面设计；放在如今的家庭中完全不会显得不合时宜的物件和小家电；一些领先于时代的家具，采用了之前从未用过的材料，它们自那时起就再也没离开过我们的生活。当曾在包豪斯读书、后来在包豪斯任教的马歇尔·布劳耶骑着自行车来到学院时，忽然意识到几十年来构成自行车的金属管可以成为制造一种新型家具的材料。著名的瓦西里椅（也被称为B3椅）就是用钢管制成，它是历史上最具革命性的设计作品之一。德绍新校舍里的所有家具都是用金属管制成的，从那时起，成千上万的家具都开始采用这种材料，很有可能读到这几行文字的人旁边就有一件家具是那把扶手椅的后代。

在德绍，包豪斯几乎实现了设计一切事物的理想，从最小的到最庞大的，从一把咖啡勺到一整个住宅区。然而，戏剧般的命运即将来临，并且将会阻止学院实现其种种目标。

1928年，以格罗皮乌斯为首的一部分教师离开了学院。建筑师汉内斯·梅耶成为校长，突显了包豪斯学院的政治属性。当时的德国动荡不安，作为一名坚定的共产主义者，梅耶对学院的这种定位可谓十分危险，而其造成的后果也很快就出现了。在经历了各种风波之后，加上部分教员对梅耶持不满态度，德绍市长决定辞退梅耶，于是另一位建筑师密斯·凡·德·罗在1930年当选为校长。但冲突并没有因此停止。德国的政治局势以迅雷不及掩耳之势蔓延，纳粹党接连在选举中获胜，这种形势渐渐把包豪斯逼向了角落，终于在1932年，德绍市议会投票决定关闭这所学院。眼看要山穷水尽，密斯将学院迁至柏林的一个废弃的电话工厂，试图重整旗鼓，但德绍校舍大门的关闭实际上就是学院的终结。1933年7月19日在柏林举行的会议决定解散包豪斯，这只不过是故事的句点，而这个故事的结局早在几年前就已经写好了。

作为学院的包豪斯虽然不复存在了，但它成为神话的历程才刚刚开始。1933 年希特勒上台后，包豪斯有几十名曾在此任教的教师逃离了德国。一些人逃往（理论上保持中立的）瑞士避难，并将这个小国变成了“二战”后的设计强国。还有许多人前往美国，在那里他们被当作抵抗纳粹主义的英雄和文化世界的真正明星来接待。格罗皮乌斯、密斯和莫霍利－纳吉被美国顶级大学聘为教授，而马歇尔·布劳耶和赫伯特·拜耶等人则成为被看重的专业人士，他们从不缺乏谋生之路，人们对他们的景仰也从未停歇。

总而言之，20 世纪中期美国的设计和建筑深受包豪斯思想的影响。如果我们了解这个国家曾是世界大战中胜利的一方，那就不难理解包豪斯及其设计理念，是如何在 20 世纪很长一段时间内成为最杰出的载体之一了。事实上，包豪斯所捍卫的功能性的、理性的和朴素的美的理念，是近几十年来一些优秀设计成果的起源。它们是一些永不过时的物品，是那些设计师在战时的德国所开辟路线的延续。纳粹终结了作为学院的包豪斯，却把它变成了一个传奇。纳粹关闭了包豪斯并驱散了其成员，却把它变为了一种思想。我们如今已经知道，军队可以被打败，城墙可以被推倒，但要打倒和摧毁一种思想，几乎是不可能的。

包豪斯入口处的门并没有表现出这座建筑的重要地位，也没有传达出在这座建筑内所有发生之事的重要性。这种低调、不尚浮华的态度并非偶然。出现在这本书中的很多门、立面和门廊都承载着代表性、象征性或装饰性的功能。除了单纯作为某座建筑或某个空间的入口之外，门还起到了传达信息的作用。包豪斯也通过这扇门传达了一个理念，在当时的那个年代，这一理念是一种全然不同、极具现代性的观点。这里没有任何象征主义或繁复的装饰，也没有恢宏壮丽或炫耀的排场。这里有的是理性和功能主义，就像这所学校的老师和学生在那些英雄岁月中完成的所有设计成果一样。正如奥地利建筑师阿道夫·路斯在20世纪初发表的《装饰与罪恶》一文中所主张的那样，多余的东西应当被去除。

这扇简单、朴素的门即是如此，包豪斯当年的几名教员设计的其他门也是如此。只需参观一下格罗皮乌斯和阿道夫·梅耶于1910—1914年建造的法古斯鞋楦厂就能明白这一点。或者前往捷克城市布尔诺，看看密斯·凡·德·罗在1928年为图根哈特家族的豪华住宅设计的极简大门。这些门表面看上去十分低调，却传达了20世纪的一种强大思想。密斯·凡·德·罗试图用“少即是多”这句话来概括这种思想，它也可以被定义为简朴面对繁复的胜利，简单、真诚的形式的胜利。

英国历史学家艾瑞克·霍布斯鲍姆将20世纪定义为一个“短暂的世纪”。根据他的看法，20世纪并不是从1901年开始的，而是在1914年第一次世界大战爆发时开始的，并随着1989年柏林墙倒塌和两年后苏联解体而结束。照这样来看的话，那个现代的、功能性的、机械的和金属的20世纪所穿过的大门之一，就是包豪斯学院及其设计理念。以后每当我打开书桌上的台灯，或在文字处理器中选择某个无衬线字体时，我将再度想起所有这些东西最初都是由德国东部一座小城里的一群梦想家和理想主义者所构思、设计的。以后每当我坐在一把金属管制成的椅子上时，我都会停顿片刻，想一想我所坐的这个结构的创造者，他成长在一栋建筑的墙内，人们每次进入这座建筑，都要穿过一扇外表看起来像是工厂入口的门——包豪斯的大门。

罗马：提图斯凯旋门

通往不朽的大门

噢，我的老天爷！我觉得我快要变成神了。[①]

✦ 韦帕芗皇帝的临终遗言

① 出自苏维托尼乌斯《罗马十二帝王传》。苏维托尼乌斯（69—122年）是罗马帝国早期的著名历史作家，他在所著的《罗马十二帝王传》中记录了罗马早期的12位皇帝在位期间所发生的事。——译者注

SENATVS
POPVLVSQVEROMANVS
DIVOTITODIVIVESPASIANF
VESPASIANOAVGVSTO
W.H.

提图斯凯旋门

不管从卡比托利欧博物馆的哪个观望台向外看去，景色都令人叹为观止。站在卡比托利欧山上的古罗马国家档案馆的高度，你可以俯瞰古罗马广场，并将罗马帝国时期一些最重要的古迹尽收眼底。在这里你似乎可以触及时间的痕迹，感受过去的气息，并体会大理石绵延几个世纪的坚固。最近处的是韦帕芗神庙和萨图尔努斯农神庙的宏伟柱子，以及塞普蒂米乌斯·塞维鲁凯旋门；再远一点，是朱利亚会堂、维斯塔贞女院、卡斯托尔和波吕克斯神庙以及安东尼·庇护和佛丝蒂纳神庙的遗迹；俯视这一切的是矗立在右侧的帕拉蒂尼山；作为背景的是罗马斗兽场西侧最高的几层，其高度近 50 米，在那里俯瞰其余所有建筑物。在这整幅迷人的景致中，在神圣之路的起点这个突出位置上，提图斯凯旋门傲然耸立，它那白色的彭特力科大理石熠熠生辉，这道门将我带回了古罗马的中心。我将在接下来的文字中穿过这道门。

我清楚地记得我第一次参观古罗马广场遗址的情景。那是在 2000 年冬末一个寒冷的早晨，说实话，它给我留下的印象不是特别深刻。虽然那时我是一个美术专业的年轻学生，但我对古罗马建筑和城市规划的了解一点也不深刻，仅限于历史和社会科学课程中习得的一些基本概念。当时距离我开始学习艺术史、熟悉古罗马的建筑还有几年时间，所以我在初次参观时只是闲逛，并没有过多注意我周围的事物。

我无法把眼前的建筑与我在旅游指南中看到的等同起来，我的想象力在其他语境下很是丰富，现在却无法在我的脑海中重现我所处之地理论上应有的宏大感。更糟糕的是我很难不将这些废墟与我刚参观过的古罗马其他奇观进行比较。与壮丽得近乎缥缈的万神殿或庞大的斗兽场相比，这些零零散散的柱子、所剩不多的墙壁，还有地面的遗迹，似乎没什么好看的。当然，我能理解某些遗迹的重要地位，尤其是马克森提乌斯巴西利卡[①]的遗址，至今仍令我惊叹不已，我却体会不到前面提到的那种“过去的存在感”。能让我瞬间就感受到的、并且几乎是出于某种身体反应的，是提图斯凯旋门之美。

将维斯塔贞女院抛在身后，就可以看到提图斯凯旋门出现在一小块高地的顶部，在瓦蓝的天空下形成了一道逆光剪影。第一眼望去，它并没有显得气派十足，因为它的体积并不庞大，外形也是很干净、朴素的。但当我穿门而过，发现自己就置身于拱门下方时，奇迹出现了。地平线的第一道曙光，照亮了拱门内壁两幅浮雕中的一幅，上面雕刻着难以想象的纹理和细节——马匹紧

① 马克森提乌斯和君士坦丁巴西利卡是古罗马广场上最大的建筑物，位于广场北侧，由皇帝马克森提乌斯始建于 308 年，米里维桥战役击败马克森提乌斯之后，312 年由君士坦丁一世完成建造。它是古罗马筒状穹隆建筑的代表作，今尚存北边 3 个巨大的穹窿。古罗马时期承担了法院、议会厅及会议大堂等多种职能。——译者注

实的肌肉，长衫和斗篷起伏不平的褶皱；陪在凯旋的皇帝身边的胜利女神双翼上的羽毛；士兵头上佩戴的头盔和装饰性的花环。所有这一切都铭刻在我的脑海中，它是如此明澈、清晰，带有矿石般的质地，唯有为数不多的几段记忆能够与之匹敌。

若说哪些古代遗迹能让我们了解古罗马的“凯旋”这一声势浩大的庆祝活动，那么唯有像提图斯这样的凯旋门。想象一下，若是参与某场凯旋仪式中会是什么样子：市中心想必被围得水泄不通，想要靠近浩浩荡荡的凯旋队伍观看游行，那简直比登天还难。几十万人都放下了手头的工作，就为了注视军队在帝国的边疆打了胜仗之后凯旋进城，他们所来之处，没有小麦和葡萄，只有难以穿越的森林，还有将文明与未知世界隔开的灰色深河。

一帮色雷斯人拒绝让我们通行，在与他们进行了一番交涉（甚至差点动手）之后，我们成功爬上了一辆载满酒罐的车，在车顶上我们可以获得不错的视野。最后，经过几个小时的等待，在烟雾缭绕中，在周围数百人的体臭味中，第一批战俘的队伍最先穿过了凯旋门，进入帝国首都的城内。

英国历史学家玛丽·比尔德是研究罗马凯旋仪式的一名资深专家，也是一位杰出的历史普及学者，用她的话说，这些凯旋游行是对胜利的炫耀，也是炫耀的胜利。古罗马很少有机会能以厚颜无耻的方式展示它的权势和伟大，但遗憾的是，那些值得纪念的巡游到如今只剩下一些遥远的回声。凯旋是一个罗马军人所能获得的最高荣誉，只有在他取得卓越的胜利后才会被授予凯旋式。随着时间的推移，凯旋这一概念本身，也随着罗马社会的演变而渐渐发生了情理之中的变化。因此，在经历了几个世纪的蒙昧和传言之后，人们所知道的最早的凯旋式有着与宗教和仪式密切相关的特征，它虽然一直存在，但也确实在逐渐丧失其重要地位。

研究学者认为凯旋式性质第一次发生变化的时间是在公元前 3 世纪末。那时候举行了克劳狄斯·马塞拉斯[1]和西庇阿·阿非利加努斯[2]的凯旋式，在这两场凯旋中，宗教的意味渐渐变淡，对凯旋者的人格魅力、对其家族和其在罗马社会中的地位的赞颂越来越明显。仪式感转变为个人的存在感，这一现象在两个世纪后的奥古斯都统治时期达到了顶峰。罗马帝国的这位开国皇帝决定，凯旋的荣誉专属于皇室家族的成员，这让凯旋式失去了其原有的部分意义，而另一方面，也让凯旋式的排场达到了难以想象的豪华程度。

尽管经历了几个世纪，但凯旋式的一些特征似乎在时间的长河中一直固定不变，仿佛试图以这种方式将皇权与罗马帝国尊严的起源联系起来。随着历史的变迁，凯旋式的路线也有所变化，但几乎可以肯定的是，游行仪仗队往往是沿着一条固定的路线前

---

① 马克卢斯或马塞拉斯（Marcus Claudius Marcellus），公元前 268—前 208 年，曾担任罗马执政官。公元前 222 年他为山南高卢胜利举行凯旋式，庆祝该战中以单打独斗斩杀了一个高卢大部族的酋长。——译者注

② 指大西庇阿（公元前 235 年—前 183 年），古罗马统帅和政治家。他是第二次布匿战争中罗马方面的主要将领之一，以在扎马战役中打败迦太基统帅汉尼拔而著称于世。由于西庇阿的胜利，罗马人以绝对有利的条件结束了第二次布匿战争。西庇阿因此得到他那著名的绰号（阿非利加征服者）。——译者注

行。队伍从位于战神广场南端的、靠近今天的犹太人居住区的弗拉米尼乌斯竞技场出发，通过凯旋门进入城市的神圣区域，凯旋门的确切位置目前还不清楚。从那里经过马克西穆斯竞技场，然后沿着神圣之路，进入古罗马广场，最后登上卡比托利欧山到达终点，这是一个神圣的地方，在这里完成凯旋仪式的最后几步，并向神灵献上祭品。

从现存的一些资料中，我们能够得知游行的顺序和人员的构成。在游行队伍中打头阵的通常是在军事行动中被俘获的战俘，这一刻是在场所有观众都热切期盼的。数以千计的战俘臣服于罗马帝国的强大，戴着镣铐在罗马的街道上游行，其中既有著名人物，也有无名小卒，自然是前者更能引起人们的兴趣。在罗马举行的几百次凯旋式中，都有被俘的异国军事首领、头目和亲王行走在人群里，这在罗马的很多敌人看来是一种毫无必要的羞辱，他们竭尽全力想要避免这一环节，甚至不惜以自己的生命为代价。事实上，罗马的几个著名对手，如米特拉达梯六世和克利奥帕特拉七世，他们有可能是自愿寻死，也不愿被当作罗马的战利品在永恒之城的街道上游行展示。

走在战俘之后的，是所有凯旋式的另一个重头戏：战利品，武器、各种各样的珠宝珍品、来自异域的毛皮、艺术品和雕像。所有这些物品都由马车装载着，在看得目瞪口呆的罗马民众面前招摇过市，所获的军事胜利越重大，凯旋者摆出来的战利品就越不同凡响。紧接着走在后面的是搬运工，他们向人们展示大幅的画布和画像，上面画有战斗的场面以及被征服的领土，还有写着战败城市和民族名字的卡片。这样一来，虽然看起来有些奇怪，但不得不说凯旋式也是一个学习地理知识的机会，可以更多地了解罗马后来所主宰的庞大帝国。接下来出场的是元老院成员和城市的行政长官，跟在其后的是刀斧手，这是一类特殊的官员，通常走在执政官之前，他们扛着由一捆木棍和一把斧头组成的束棒。最后，刀斧手走过之后，又经过几个小时的等待，游行仪式的伟大时刻终于到来了，凯旋者登场，后面跟着他的军队，士兵们既不携带武器也不穿装甲，就像传统规定的那样。

除去上述所言，凯旋式不仅仅是一味地炫耀和铺张浪费。很明显，凯旋式的主要目的最后成了对得胜的将军、获胜的执政官或渴望得到人们关注的皇帝的赞颂，但从一开始，凯旋仪式就与门的概念密切相关。在古罗马人看来，军队及其将领从战争中归来，身上沾染了战斗中流下的鲜血。这种污渍必须通过净化仪式来清除，这种净化仪式与植根于远古时代的“通过仪式”有关。

其中一些宗教信仰声称，穿过一个神圣之门就能实现净化，因为在跨越两个空间之间的界限时，污渍会被抹去，象征性的清洁也就完成了。最早用来净化军队及其将领的大门很有可能就是上面提到的凯旋门，但可以肯定的是，自公元前2世纪初起，凯旋者们开始建造木制凯旋门，既增强了跨越门槛的象征意义，同时也提高了他们的名气和威望。这种昙花一现的建筑通常是用木头和石膏建造的，到今天没有留下任何痕迹，但随着帝国时代的到来，统治者们开始命人给他们建造石头凯旋门。他们以这种方式追求最后的胜利。他们渴望获得最艰难的成功，渴望战胜时间和死亡。尽管这项工作十分困难，也很冒失。但显然，他们中的几位确实征服了记忆，因为他们的名字、他们的故事和他们的凯旋门已经跨越了好多个世纪，一直留存到今天。

皇帝提图斯·弗拉维乌斯·维斯帕西亚努斯无疑是上述那些双重凯旋者中的一员。他是韦帕芗·奥古斯都皇帝的儿子，公元39年底出生于罗马，过了41年后去世，仅比他父亲去世晚了两年，所以他的在位时间非常短暂。事实上，他甚至都没来得及给自己建造本章的主角——凯旋门。凯旋门顶部的铭文用“神圣”一词指称提图斯，这表明早在凯旋门建成之前他就已经死了，凯旋门应该是提图斯的弟弟，即继位皇帝图密善建造的。可以肯定的是，这座建筑是为了纪念韦帕芗和提图斯镇压犹太人的胜利，以及随后为庆祝这场军事行动而在罗马举行的凯旋游行。

提图斯凯旋门无疑是一份用来了解这些纪念性质的游行仪式的绝佳文献，这主要归功于门上精美的浮雕画。在拱门两侧墙的内壁上有两块大浮雕板，在拱腹的最高处还有一幅小浮雕画。两侧的浮雕展示的是在罗马庆祝的凯旋游行的两个具体时刻，而顶部的浮雕画则描绘了一种象征性形象，代表着不朽与永生，代表着人战胜时间、战胜生命的有限。

镇压犹太人缴获的战利品是凯旋门南侧浮雕画的主角。尽管经过许多个世纪的无情摧残，我们仍然可以清晰地看到士兵抬着从耶路撒冷圣殿抢夺来的成果，这座神话般的建筑在公元70年被提图斯的军队摧毁，之后再也没能重建。从犹太人手中夺走的珍宝有银喇叭和七烛台——拥有七支灯盏的烛台，是希伯来文化的重要文物，曾经被保存在所罗门神殿的至圣所前。罗马士兵似乎还抬着一张可能是桌子的物品，很难说它是否是神秘的所罗门石碑或镜子，这位犹太国王可能在上面写下了创世的法则，以及上帝的真实圣名：Shemhamphorasch[①]。

我之前也承认过，曾经有几年我花了很多时间去阅读那些讲述古代宝藏、亚瑟王传说和圣殿骑士神话的小说和文章，虽然我从不相信书中那些虚幻的观点，但这些书确实满足了我的想象力，也愉快地消磨了许多个下午。在所有这些假说中（翁贝托·艾科在《傅科摆》中对它们进行过精妙的嘲讽），有一个仍然十分吸引我，这个假说恰恰与提图斯凯旋门浮雕上的那张被人抬着的所罗门的桌子有关。在阿拉里克一世的军队到来之前，桌子和耶路撒冷圣殿的珍宝一直存放在罗马，之后它们应该随着西哥特宫廷迁到了卡尔卡松和拉韦纳，直到最后被存放在托莱多。在那里，它们或许被放在神话里的赫拉克勒斯的洞穴中，而在穆斯林入侵西班牙之后，它们在世纪的缝隙中和时间的掠夺中永远消失了。或许它们从那时起就一直隐藏在秘密的地方，等待有人能够发现它们，能够再次掌握自

① 七十二字母神名，源于一种他拿念（英语：Tannaim）术语，描述隐秘于卡巴拉之中的上帝圣名，同时也存在于更多主流的犹太教论述里。——译者注

然的法则，并念出上帝（他唯一要服从的对象）的真名。我想这个故事最让我激动的不是寻宝者一直渴望找到的财富，而是文字作为创造、掌控宇宙的工具所拥有的力量。这力量能够创造生命的话语，通过想象和命名，赋予现实以形体的话语。

另一块浮雕板的主角是提图斯本人。他乘坐在白马战车上，我们可以看到他跟在刀斧手的后面。在我们的想象中，刀斧手们穿着红色衣服，高举束棒，发出欢呼和赞美之声。这无疑是凯旋游行的伟大时刻，每一个环节都被完美地编排和掌控。凯旋的将领宛若一位真正的神明般现身于城中。提图斯的脸被涂成红色，头戴月桂花冠，身穿紫色和金色的衣服，手持象牙权杖，他出现在他的臣民面前，如同卡比托利欧山上的朱庇特的化身。

在人类历史上，很少有人能像凯旋式上的主人公那样，地位被抬至他的同类之上。就连埃及法老想必也没有感受过，与古罗马凯旋者在游行中相类似的经历，凯旋者成了介于他们所生活的尘世和他们所向往的天界之间的一种存在。事实上，人们不仅将他们与朱庇特等神灵联系在一起，甚至把他们与赫拉克勒斯或亚历山大大帝等神话和历史英雄相提并论。人变成了神，凡躯变为精魂。

凯旋式的性质发生了巨大的变化，在罗马共和国时代，也就是在罗马帝国的皇室将凯旋式占为己有之前，人们制定了一系列的行为规则和象征性仪式，就是担心凯旋的将领会被自大狂妄害死。享受凯旋荣誉的将领们必须表现出谦卑的姿态，他们的士兵尽可以取笑他们，说些戏谑的话，甚至可以辱骂他们，对着他们做些下流动作。此外，战车上往往还会装饰着护身符，用来驱走来自民众和城里其他人的嫉妒，这些护身符被做成生殖器的模样，与维蒂之家的普里阿普斯有着异曲同工之处。最后，部分文献表明，会有一个奴隶扮成带翅膀的胜利女神的形象，站在凯旋者的身后，不断对其耳语“记住，你是个凡人”之类的话。文字的力量再一次显现，但这次并不是为了创造事物，而是为了防止将军和执政官头脑一时发热，或是心怀叵测。不过，提图斯应该没有听过哪个奴隶在他耳边用碎碎念折磨他的耳膜。作为皇室成员和未来的皇帝，他无须对自己的凯旋仪式的排场加以限制。他会允许他的士兵侮辱或嘲弄他吗？这一点非常值得怀疑。事实上，在凯旋门的最后一块浮雕上，提图斯被描绘得像是一位真正的神，由一只雄鹰驮着升向天空。对他的神化到此终于完成了。身体已转化为灵魂，最终击败了死亡，击败了一去不返的时间长河。

但时间依旧在行进。正如爱德华·吉本在其著名的《罗马帝国衰亡史》一书中精彩叙述的那样，哪怕是罗马也难逃陷落的命运——就在提图斯凯旋门建成400年后。古罗马广场上那些骄傲的建筑逐渐被遗弃，它们的天花板和拱顶坍塌了，柱子倒下了，废墟被数百年的灰尘覆盖。曾经是文明世界首都的中心，在后来的几个世纪中，它所呈现出的末日后景象，一定与某些作家和电影导演头脑中想象的反乌托邦式的未来场景如出一辙。像科马克·麦卡锡的小说《路》或电影《疯狂的麦克斯》中的场景在历史上也曾存在。反乌托邦的故事不仅出现在小说和未来，还可以追溯到遥远的过去。罗马的人口数量急剧下降，全盛时期的100多万居民锐减到只剩几万人。几百座建筑被遗弃，整片整片的街区湮没在死寂中，昔日的辉煌消失在层层遗忘和野蛮行径之下。我一直觉得，如果一个生活在哈德良或图拉真时期的罗马人，看到他所在的城市在中世纪前期的几个世纪里，头也不回地走向衰败，那么他的感受应该类似查尔顿·赫斯顿在《人猿星球》最后一幕中的心情。令我们担忧不已的世界末日早在1 500多年前就已经发生了。

提图斯凯旋门曾经也一度濒临消失，但最后并未消失。多年间，它曾是中世纪某个家族防御体系的一部分，这些家族像瓜分一块大蛋糕一样分割罗马。弗朗基帕尼家族占领了古罗马广场这片区域，并与其他部族争夺这座城市的控制权，那时的罗马更像是美国旧西部，而非西方文明的摇篮。后来，提图斯凯旋门成了圣弗朗西斯卡修道院的一部分，最终成为拉法埃莱·斯特恩和瓦拉蒂尔开展的第一批现代修复工程的修缮对象之一，瓦拉蒂尔还负责凯旋门附近的斗兽场加固工作的一部分。就这样，提图斯凯旋门来到了我们的时代，它上面的浮雕虽然饱受风吹日晒和人为破坏，但仍然是那些令我们祖先振奋不已的凯旋仪式的见证者。

人们常说，罗马帝国给我们留下了许多被我们称之为西方文化的东西。法律、语言、建筑、道路的规划，还有其他许多东西也通常被称为罗马遗产。此时可能有人不禁要问：那些穿过大门（如提图斯凯旋门）的凯旋游行队伍给我们留下了什么？对这一问题的第一反应或许是没留下什么，但如果我们稍微思考一下，就能发现它们与我们当今的世界有一些相似之处。当一个球队赢得了国际体育比赛时，那些导致市中心瘫痪的游行场面，如果它们不是凯旋仪式，那是什么呢？它们总是沿着一条差不多固定的路线行进；它们还举行过一些好像没什么用的仪式，要么向古代的生育女神献上已经过时的祭品，要么去拜访更现代的守护神；游行队伍最后无比神圣地进入朱庇特神庙，只不过当代的朱庇特神庙被改造成了一个巨大的体育场，里面挤满了狂热的人群。对那些落败者而言，幸运的是，在现代体育比赛的凯旋式中，落败一方的队长不会被斩首。如果真是这样的话，那么很快就难以找到愿意参加比赛的球队了。不过从另一方面来讲，这样或许能让某位人气很高的著名球星更认真地对待他的工作。不管怎么说，似乎很难相信如今占据报纸头条的体育偶像中的某一位，能取得哪怕一丁点古代征服者（比如提图斯）曾取得的持久名望。同样难以想象的是在 2 000 年后，欧洲（先不说欧洲到那时会变成什么）的某个人，在面对我们当代凯旋式主角的功绩和纪念物时，能够啧啧称奇。

或许将某个人奉若神明的时代已经过去了。话说回来，如果我们不能也不想追求这些神化的事情，那么不要忘记一点：在死亡之前我们还有一次生命。对不朽的定义或许就是站在提图斯凯旋门下，品味一块意式肉肠三明治；与此同时，一群海鸥过来争抢这顿大餐的残渣碎屑。

博马佐：怪兽巨石公园

内心的地狱

我们的头是圆的，所以我们的思想可以转向。

✦ 弗朗西斯·毕卡比亚

怪兽巨石公园

陌生的旅人跨入这片森林之时，感觉自己好像刚刚穿过了一道看不见的边界。在植被之间，在树荫之下，他看到一些巨大的身影，他从未想象过会在某次安静的野外散步时遇上它们。在他面前的是一头驮着一座塔楼的战象，正在将敌人打倒；而在几米之外，一条龙被一群野兽攻击，龙被迫使用尖爪利齿自卫。战斗并没有就此结束。大力士赫拉克勒斯正在杀死巨人卡库斯；再往前走一点，地狱入口的守卫——三头犬刻耳柏洛斯守在那里，威胁着要把所有入侵者变成石头。参观者甚至可以在此地发现一些匪夷所思的建筑，比如一座假墓，或一座奇怪的房子，房子的墙和门以一种明显有违常理的角度倾斜着。

然而并非一切都充满纷乱、斗争和暴力。在神圣森林中，也有令人感到平静的地方。几只熊、狮子和海豚似乎正在树荫下休憩，海神尼普顿斜坐着休息，苔藓爬满了他的双腿。在一条小溪附近，一只巨龟和骑在龟壳上的少女正在慢慢地逃离，以免被从灌木丛中冒出来的大海怪咬伤。在公园的中心，食人魔狂怒的目光威慑着其余所有生物，他张开大嘴，发出喑哑的吼叫，在5个世纪之前，他的号叫声令园内所有的动物、神灵和英雄统统石化。

我对神圣森林的最初了解来自一位友人，这位友人在20多年后的今天帮我校阅了这本书。当时正值青春年少的她，得知我喜欢阅读历史文学之后，便推荐我读阿根廷作家曼努埃尔·穆希卡·莱尼兹于1962年出版的与这个城市同名的小说《博马佐》，她那时已经把这本书“狼吞虎咽”地读完了。这本书在许多国家取得了不同凡响的成功，不仅让人们认识了主人公皮尔·弗朗西斯科·奥西尼这位意大利公爵，还给怪兽巨石公园进行了一波宣传。从那时起，博马佐和这座公园的名气就越来越大。这片森林被人彻底遗弃的日子已经一去不复返了，那时候只有当地的牧羊人经常光顾此地，他们让羊群在这儿吃草，徘徊在雕像和神话人物之间。如今，游客蜂拥而至，这不仅因为博马佐靠近罗马和其他的一些历史古城（比如奥尔维耶托和维泰博），还因为参观公园是一项适合全家人的完美活动。孩童们在茂密的树林中发现各种各样的石像，并为此激动不已，故事和传说自然而然地流传，乃至让这些小家伙们觉得散步也成了一种难忘的经历。

我曾花了几年计划了一场旅行，而博马佐的怪兽巨石公园（或称神圣森林[①]）可谓给我的这次旅行锦上添花。意大利是一片奇妙的土地，但很多人还停留在这样的印象中：只要去过罗马、佛罗伦萨和威尼斯，就算认识了这个国家。这是一个巨大的错误。

---

① 下文统称为“神圣森林”。——编者注

意大利的每一个角落无不承载着浓厚的艺术和文化，对外国游客来说最不熟悉的地区之一就是拉齐奥，它的光芒完全为罗马及其历史古迹所掩盖。神圣森林就在这片地区的北部。

在距离博马佐市中心 1 000 米多一点的地方，皮尔·弗朗西斯科·奥西尼公爵在 1552 年委托人建造了一座公园，它有别于其他任何一座公园。这位公爵也被称为维西诺·奥西尼，他在历史上的真实形象似乎与穆希卡·莱尼兹在其小说中所描绘的有些不同。在这位阿根廷作家的笔下，奥西尼是一个身体带有缺陷、倾向于自省的人物；而历史上的皮尔·弗朗西斯科·奥西尼则是他那个时代的一位典型的意大利王子。他年轻时是一名军人，参加过 3 场战役，并被囚禁过几年。33 岁时，他决定隐居在自己的城堡并开启了一个新的人生阶段：文字、文学和哲学取代了刀光剑影。他与茱莉娅·法尔内塞的婚姻深刻影响了他的一生，或许妻子的早逝让他更加疏远世俗事务。建造这座公园以及里面的雕塑似乎也是为了纪念亡妻，不过在博马佐，未解的谜团要远远多于确凿的事实。

直至今天，人们也无法确定神圣森林究竟出自谁的手笔。历史学家们推测，那不勒斯的建筑师和艺术家皮罗·利戈里奥应当在其中担任了重要角色，然而这方面的资料少之又少且并未直接点明。皮罗·利戈里奥建造了意大利 16 世纪众多迷人庄园之中的一座，在博马佐，他想必得到了另一位艺术家的协助，然而时间的长河将那些有可能是其合作者的名字一一抹去了。时间没能消除的是公园本身的魔力。把车停在平缓的山脚下，观光者可以随心所欲地自由行动，边走边发现维西诺·奥西尼构思出来的几十处雕像和角落。雕塑群渐渐从茂盛的植被中显露出来，它们由巨大的白榴凝灰岩石块刻成，这是当地的一种火山岩，如今被苔藓所覆盖，更加为它们的形象增添了神秘色彩。园内既没有固定的，也没有标示出来的路线，我们也无从得知那位公爵是否有那么一刻曾在脑中设计过某种特定的路线，并且路线上的雕塑都表达了具体的含义。

学者们考查了众多的文学作品。但丁的《神曲》、卢多维科·阿里奥斯托的《愤怒的奥兰多》和弗朗西斯科·科隆纳的《寻爱绮梦》只不过是研究学者和历史学家认为与怪兽巨石公园有关联的文本中的几部而已。许多人一致赞同的观点是，园内的某个形象在公园的整个象征性话语中扮演着核心角色。这个形象不是别的，正是把我们带到此处的那个生物：食人魔——它张大的嘴巴成了通往一个秘密世界的入口。

毫无疑问，它是整个神圣森林中最为人熟知的形象。只需在网上快速搜索一下，我们眼前的屏幕上就会出现几百张游客照，照片中的人们看上去好像马上要被博马佐的怪兽吞吃掉了。食人魔的巨大头颅，坐落在一小块空地的尽头和一小段石阶的上方，样貌十分恐怖。它的双眼大睁着，嘴巴大张着，两颗门牙让它的形象看上去更加吓人，幽黑不见底的咽喉既吸引我们，又让我们感到害怕并想要后退。在一个像怪兽巨石公园这样的地方，一切皆有可能，这张大嘴就是通往未知世界的一道门。它是否是一个把我们带向公园另一处地方的神秘隧道的入口？这条神秘隧道是否通往一个装满了财宝的巨大洞穴？或者与之相反，进入食人魔的大嘴后，等待着我们的是重重危险？要找到这些答案，只能进入这个怪诞的嘴巴一探究竟，但在挺身潜入暗影之前，我们甚至还有其他的一些问题。在文艺复兴时期的意大利，何种情况下才会设计一座这样的公园？这些怪异的雕塑仅仅是一个"疯子"的作品，还是说有可能找到与博马佐的这处奇幻之地相类似的东西？为了回答这些问题，仅仅踏入食人魔的嘴巴是不够的，我们还需要追溯到5个世纪之前，并尝试理解欧洲文化历史上一次影响深远的变革。

总有一些时刻，世界看上去好像即将崩溃，我们所要讲的就是其中的一个时刻。在不到10年里，欧洲跌进了一个似乎没有尽头的悬崖，一个混乱、惊慌、无政府状态的旋涡，将文艺复兴扫荡殆尽。1517年，一切都加速了：德国神学家马丁·路德将他的《九十五条论纲》张贴在了维登堡教堂的大门上，引发了一场宗教改革。路德宗的火花蔓延至一些国家，他们从这位德国修士的思想中看到了政治动乱和宗教反叛的借口。维系整个欧洲大陆的那种脆弱平衡早已消失。

不到3年，伟大的拉斐尔去世了，仿佛是要逃离这个在他眼前崩溃的世界。这位古典主义的神圣艺术家，在画作中完美地传达出文艺复兴时期的和谐，他死于高烧——似乎反映了笼罩一时的战争气氛。7年后，查理五世的军队肆无忌惮地、疯狂地将罗马洗劫一空，这是近5个世纪以来从未发生过的事情，对意大利的很多地方造成了致命的打击。16世纪初的那种一触即破的宁静已经消失殆尽，艺术也无法独善其身。

如果说文艺复兴时期的古典主义的特征是和谐，那么动荡的新时代则需要一种不同的视觉语言。16世纪初的意大利艺术几乎达到了完美的平衡，而在这之后，不得不采用一种新的方式面对现实。在这么一个充斥着战乱、冲突的欧洲，和谐、宁静的艺术已经毫无意义，亟须一种能够映射新局面的艺术形式。理性之后，登场的是想象力。和谐之声遭到了不和谐之声的反抗，曾在一个多世纪中作为主流的客观视角为主观性、幻想和自由所取代。风格主义诞生了，于是就出现了神圣森林里的怪兽和光怪陆离的景象，同时还有埃尔·格列柯的那些不符合人体解剖学的画作，以及朱塞佩·阿尔钦博托的视觉游戏和他用水果蔬菜画的人物肖像。博马佐的食人魔巨大黝黑的嘴巴吞噬了文艺复兴，留下的只有一段永远消失的乐音传来的遥远回声。

皮尔·弗朗西斯科·奥西尼的神圣森林是一座典型的风格主义花园。事实上，可以说它是所有风格主义花园中最具风格主义的一座，其他任何一个地方都赶不上博马佐这个公园的独特、奇幻和自由创造的水准，就连同一时期的其他作品（如埃斯特庄园和离得很近的兰特庄园）也无法与神圣森林相提并论。鉴于皮罗·利戈里奥曾参与过这3处园林的设计，所以很有可能的是，神圣森林与其他两者的差异来自维西诺·奥西尼本人的性格。这位公爵热衷于新柏拉图主义哲学和文学，也痴迷于占星学乃至炼金术，想必他将整个公园都浸淫在了他的思想和信仰之中。如果说文艺复兴和之后的巴洛克时期的典型园林，是以直线和对称作为主要特色，那么风格主义的园林则充满了想象力和聪明才智。文艺复兴时期的景观美化是试图将大自然掌控在手中，取代它的是对自由奔放的大自然的一种模仿。几何学形状的花坛让位于似乎与周围森林融为一体的花园；清澈的水池、整洁的空地为神秘的人造迷宫和洞穴所取代；祥和协调的古典主义雕塑为变形、扭曲的形象所替代；文艺复兴冷静庄重的面孔让位于风格主义的嘲弄鬼脸。这种变化是彻头彻尾的：从米开朗琪罗的《大卫》到博马佐的食人魔。

如果游客靠近怪物的这张大嘴，就会注意到它的上嘴唇处刻着一行文字。几个大字用红色颜料突出显示："Ogni pensiero vola"，似乎在向所有进入怪兽口中的人们表示欢迎。"每一种思想都会飞翔"，在将我们裹挟进黑暗之前，怪兽的大脸对我们如是说道。

一俟进入，我们的双眼需要几秒钟来适应这种黑暗。我们原本设想的隧道或巨大洞穴，只不过是一个小小的房间，并且在走动时如果不注意脚下的话，可能会撞上一张桌子，它恰好就在这片狭窄空间的正中央。几秒钟过后，我们可以看到一张直接刻在岩石上的长凳，环绕着这个人造洞穴的一周。我们原本认为是地狱洞窟的地方，结果只是一个适合冥思的隐居之地。每一种思想都会飞翔。风格主义特有的惊喜，在最意想不到的时刻向我们袭来，邪恶狰狞的食人魔瞬时变成了一处冥想空间的守卫。每一种思想都会飞翔。转头向外看去，外部的明亮在撕扯着内部的黑暗，不仅通过怪兽大张的嘴巴，还通过它的两只眼睛，它们突然就成了这里的光源。跨进这道门，原本幽黑昏暗的事物却成了光明的所在。每一种思想都会飞翔。

20 世纪 40 年代末，受邀于意大利文艺批评家马里奥・普拉兹，萨尔瓦多・达利参观了神圣森林。至今仍保存着一段简短的录像，记录的就是这位超现实主义画家在博马佐的参观行程，其中可以看到达利在公园的雕塑之间漫步。他参观倾斜的房子，注视着几位神话人物的雕塑，似乎想与花园里的人物建立某种精神交流。录像中的一个画面是达利坐在食人魔的大嘴中，并点燃了一支蜡烛，与此同时，另一个人的脑袋从怪兽的右眼窝中探出。

达利参观神圣森林这一事实表明，人们对博马佐的兴趣即将大涨，从那一刻起，博马佐就与作为艺术先锋的超现实主义的崛起联系在了一起。超现实主义运动直接取材于梦境，并且捍卫想象力和奇幻事物，因此超现实主义运动与这种可以追溯到神圣森林风格主义的艺术传统，产生了完美的汇合。在食人魔口中点燃一支蜡烛的达利似乎想要告诉我们，超现实主义的一部分造型和思想正是从4个世纪前维西诺·奥西尼命人刻在石头上的奇思妙想中得到了启发。我们从达利身上领悟了一个事实：就算博马佐的食人魔能够吞噬文艺复兴，它同样也有能力催生出超现实主义。

在许多文化中，“口”都象征着门和通行之地。它是入口处的大门，是两个不同空间之间的联系。街道有街口，地铁有地铁入口，码头有港口，通过这些口进入和离开，从一个地方到另一个地方。然而，神圣森林的食人魔之口是一个看上去要昏暗得多的入口。很多文化传统都把地狱的入口想象成怪兽的血盆大口，就像孔克的圣福瓦教堂的门楣浮雕那样。来到博马佐的怪兽巨口前，那感觉就像是站在通往地狱的众多入口处之一，然而一旦我们穿过这道门，这种感觉就消散了。

在怪兽的巨大头颅内，看上去没有什么东西能吓我们一跳。一条供人坐着休息的凳子，还有一张可以在上面写点东西的桌子。不过这种表面的平静只是一种幻觉。进入食人魔的脑袋明显是对进入我们自己头脑的一个隐喻，很多时候，我们的头脑缺乏冷静。不幸的是，折磨我们的往往是我们自己的想法。恐惧和担忧比我们所认为的还要常见，有时地狱并不在我们周围的现实中，而是在我们心灵所栖居的世界中。幸运的是，穿过博马佐的食人魔之口后，不会有任何一扇门在身后关上。如果游客坐在石凳上时感觉有幻影出现，那么只需站起身，走两步，回到森林的明亮之中。只有那时，当黑暗被抛在身后之时，他才能够让每一种思想都在空中翱翔。

罗马：斯帕达宫的透视长廊

鬼斧神工的骗术之王

就在这时，她的头撞上了房间的天花板：事实上，她现在有两米多高了。她迅速拿起小金钥匙，跑向花园的门。[①]

✦ 刘易斯 · 卡罗尔

① 出自《爱丽丝漫游仙境》。——译者注

很多时候，有些门不能、也不应穿过，有时我们被禁止穿过这些门，我们还被迫在某扇门前保持表面上的冷静——这扇门若是换作在其他任何一个地点或时间，我们都会毫不犹豫地穿过它。现代社会的旅游业中，人类已经成了一场名副其实的“虫灾”，我们每个人都参与其中，很多时候，那条不可逾越的线只是一根绳子，还有一块向我们标示出界线的牌子。其他时候，它是一个看不见的传感器，只要有人胆敢超出规定区域一厘米，它就会啸叫着揭发此人。较为少见的情况是，一名守卫会和蔼（或不和蔼）地警告我们：从此处开始我们就不受欢迎了。收到这类禁令，我们总是颇为厌烦。在那道禁止我们穿过的门后面，到底有着怎样的秘密？

然而，某些情况下，这种不可跨越的障碍恰恰是维持魔法的秘诀，因为如果我们再往前走一步，咒语就会瞬间消失，我们就会陷入比最初感受到的失望还要大的失望之中。有些地方的魅力恰恰在于我们置身其外，这种地方不是很多，其中一处就在罗马。这是一座似乎一切皆有可能发生的城市。

我过了很长一段时间才去参观博罗米尼设计的斯帕达宫透

视长廊。在我最初的几次罗马之行中，由于有太多必去的景点，再加上时间紧迫，这个神奇的地方从来都没被我列为优先选择。我的第一次罗马之行是在这座永恒之城的教堂、礼拜堂和博物馆中找寻卡拉瓦乔的踪迹；而在我之后的几次行程中，我参观了来罗马的游客都应该认识的全部古迹和景点中的每一处。我对这座城市的痴迷有时候会产生适得其反的效果。罗马有太多的角落和艺术作品令我振奋，让我一次又一次地故地重游。谁没有在每次到访罗马时都感受到一种（几乎是生理上的）去看一眼西斯廷礼拜堂的冲动呢？或是再次迷失在博尔盖塞别墅的厅堂中，以及在贝尼尼的雕塑面前心醉神迷？任何头脑正常的人在看到他们眼前的奇观之后，还能拒绝在圣安杰洛城堡的露台上再欣赏一次日落吗？类似的事情曾经在我每次去罗马之时都会发生，直到几年前，出版界的一个项目促使我定期访问这个城市。

这些重复的行程让我的那种故地重游、反复品味罗马古迹的无边热情稍微减弱了一些。事实上，在某些时刻我甚至感觉，虽然我不是罗马人，但也绝不是一个匆忙的、焦灼的游客，这一点让我开始以一种更平静的方式欣赏这座城市。而就是在那样一个寒冬的早晨，游客们仿佛都藏在了石板路下面不见踪影，我终于看到了博罗米尼的魔法透视长廊。

这个建筑瑰宝就在斯帕达宫内——这座宫殿很多时候都被离它很近的、宏大又著名的法尔内塞宫抢去了风头。斯帕达宫位于罗马古城的南部，离台伯河只有一步之遥，对面是西斯托桥和特拉斯提弗列区，有点偏离主要旅游路线，而这更为其增添了一份魅力。斯帕达宫的正立面对着的是小巧到几乎无足轻重的卡波·迪·费罗广场，但仿佛是为了增加其孤僻色彩似的，进入斯帕达宫并不是通过正门（很多时候是关着的），而是通过狭窄昏暗的波尔维罗小巷。宫殿建于1540年，是为吉罗拉莫·雷卡纳蒂·卡波迪弗罗而建，后者委托来自卡萨莱蒙费拉托的建筑师巴托洛梅奥·巴罗尼诺设计这座宫殿。建筑很明显属于风格主义，中央庭院的灰浆涂料装饰物十分突出，罗马的风格主义在这座城市中留下了许多杰作，而斯帕达宫无疑是其中最出色、也最不为人知的范例之一。

然而，将我们带到这里的，并不是那种艺术风格，也不是上文提到的某个人物，因为它们距离博罗米尼进入这座建筑开展工作，还有近100年。事实上，在1632年，这座宫殿被伯纳迪诺·斯帕达以31 500埃斯库多的巨资买下，他不仅获得了这座建筑，还获得了以他的姓氏命名宫殿的权利。

伯纳迪诺·斯帕达得到了丰富的艺术藏品。古罗马的文物、巴洛克风格的家具、圭多·雷尼和圭尔奇诺等艺术家的画作，以及人气与日俱增的女画家阿特米谢·简特内斯基的作品，所有这些构成了一组规模不大却十分别致的藏品，如今在斯帕达宫一楼的4间展厅中展出。

但本章要寻找的是门，而非艺术品展厅，所以任何想要一探斯帕达宫隐藏瑰宝的人，都需要先来到一处次要的庭院。进入这片小空间后，值得一提的似乎只有这里的橙子树和柑橘树散发出来的花香，因为乍一看，没有什么东西能引起人们更多的兴趣。光滑的墙壁，因潮湿和时光而变黑的泥地，甚至墙上的漆还剥落了几块，这就是罗马众多宫殿中又一个不起眼的内院给人带来的第一印象。然而，奇迹就在几步之遥。

抵达这片小空间的尽头，并向右一转，我们才发现自己已置身于一道门前。在墙的中间，两对托斯卡纳式[①]柱子的上方，有一个半圆形的拱券，通向一个长长的走廊，走廊两侧是相同类型的支撑物。这条走廊再往前走几十米，就到了一个小花园，花园里有一尊古典雕像，它的周围是树篱和一堵墙，墙壁曾经被漆成蓝色，如今看上去是灰色的。

不得不说，乍一看，我们面前的这个小型建筑似乎没什么特别之处。一个庭院，一条带柱子的长廊，长廊深处有个花园，园内有一尊雕像。整体看上去没什么讶异之处，不过如今这里有一处不和谐的细节使我们开始留意。通往走廊的入口明令禁止人们进入，因为一条带子挡住了我们的去路，只能隐隐约约看见带子后面的奇异事物。如果游客站在入口处不动，那么很有可能什么也看不出来，然后离开这个庭院，对其中的“诡计”和“骗局”

① 托斯卡纳柱式是古罗马5种主要柱式中的一种，它的风格简约朴素，类似多立克柱式，但是与多立克相比省去了柱子表面的凹槽。——译者注

毫无察觉。然而，这种事情往往不会发生。通常会有其他游客或看管员向大家解释，面前并非一条长长的走廊，而是建筑师的一个计谋，为的是欺骗我们的视线，让我们看到原本没有的东西，让我们相信本不存在的事物。

实际上，我们这双爱说谎的眼睛所看到的只是一个不超过8米长的小建筑，但看上去它的长度似乎增加了3倍多。但这怎么可能是真的呢？走廊究竟是用何种方式建造的，好让它看上去能将自己的体积加倍扩大？透视法可以回答这个问题，在这一具体实例中，采用的是加速透视法，它可以欺骗人的眼睛，让人相信某个地方的面积要比其真实面积大得多。这个与视觉陷阱有所不同的方法被一些建筑师用来在视觉上扩大原本不太大的空间，比如这条走廊。在此处，不管看上去如何，事实上几乎没有平行的线条——任何一个普通走廊都会有的平行线。在博罗米尼的这件作品中，越往里走，两侧的墙体就靠得越近，同时地面和天花板也在向着一处会合。这就导致走廊两侧的柱子各不相同，因为它们的体积在逐渐变小。最后，走廊尽头的战神雕像虽然看上去好像有真人一般大小，实际上只有不到60厘米的高度。

我最近一次参观这条走廊时，一位和蔼可亲的导游给我们讲解了这件作品的几个历史知识，但最有趣的事情是当她跨过带子，开始向走廊尽头走去的时候。她每走一步，身体就好似增大一些，仿佛刚刚吃下了漫游仙境的爱丽丝在故事的开头吃掉的那种小蛋糕。当她走到雕像那里时，雕像刚刚到她的胯部，这位导游在我们的眼前变成了一个3米多高的女巨人，片刻之后，她开启了回到现实世界的旅程。这时，整个过程颠倒了过来，随着这位女士越走越近，她的身形也在渐渐缩小，直到缩回了她的真实大小。这种演示无疑很能说明问题，因为她又这样重复做了几次，让我们能更好地观察这个现象，甚至给这一过程拍了照片和视频。

然而，这远远没有我第一次参观这个走廊时所看到的事情那样令我惊讶。在我上文提到过的那个寒冷的早晨，当我站在这个视觉陷阱面前时，一只猫突然出现在走廊的尽头，并开始向我这边走来。无须赘言，不管是哪一样东西放在这条走廊的尽头，它的尺寸都会成倍增加，因此，有那么几秒，我眼前的这只温驯安静的罗马猫像一只孟加拉虎那么大。尽管我知道我所看到的，只是一种视觉上的错觉，但还是有那么一刹那，我不寒而栗。

说到这里，我必须坦白一件事。虽然我认为贝尼尼不仅是他那个时代最好的雕塑家，甚至在米开朗琪罗等其他天才水平之上，但讲到建筑，我对博罗米尼有一种特殊的偏爱。这件透视瑰宝设计者的一生并非一片坦途，也许正因如此，近几十年来他的形象一直被笼罩在带有浪漫主义色彩的光环之中，这令他比在世时更受人们欢迎。我对博罗米尼的喜爱来自华金·贝切斯教授在瓦伦西亚大学的艺术史课，他在课上向我们揭示了意大利巴洛克建筑的秘密。后来我对这位建筑师的作品有了更多的了解，并知晓了其人生和事业的各个方面，我对他的喜爱有增无减。

事实上，博罗米尼并非一出生就被冠以这个姓氏，他甚至也不是出生在如今意大利的某个小镇。1599 年，一个婴儿来到这个世界，他诞生于瑞士小城比索内，受洗时的名字是弗朗西斯科·乔瓦尼·多梅尼科·卡斯泰利，很久以后，他才决定将自己的姓氏改为博罗米尼。至于他为什么改姓，存在很多种说法，但现在既不是讨论这些说法的时机，也不是讨论它们的合适之地，因为我们感兴趣的是这位杰出的建筑师做了什么，建造了什么，而不是在意他称自己为什么。在附近的米兰待了一小段时间之后，博罗米尼搬到了罗马，当时不满 20 岁的他认识了对他人生影响最大的两个人：他的师傅卡洛·马代尔诺以及他的对手兼宿敌——济安·洛伦佐·贝尼尼。他与前者并肩工作，直到 1629 年马代尔诺去世，他们之间的友谊十分亲密真挚，博罗米尼甚至要求与他的师傅葬在同一个墓穴里。他与贝尼尼之间可谓是艺术史上最曲折坎坷的几对关系之一，两人之间冰火不容，我在这里只能简单概括一下。如果说贝尼尼是亲切的、开朗的、外向的，那么博罗米尼就是他的对立面。博罗米尼患有忧郁症和疑病症，据他的传记作者说，他甚至患上了被迫害妄想症，他的一生都在不断地与客户、同行和雇主产生摩擦。贝尼尼从很年轻的时候就取得了几乎完美的艺术成就，并且他在余生都保持着这种成就，人生低谷期短之又短。而另一方的博罗米尼几乎没有收到过任何公共委托项目，也几乎没有得到过任何一位教皇的青睐，因此他最重要的作品都是来自一些不太重要的、经济实力更为有限的宗教团体的委托。在罗马，贝尼尼的作品似乎随处可见。圣彼得大教堂的内部，由柱子包围的、宽阔的圣彼得广场，令众多广场清新凉爽的喷泉，还有博尔盖塞别墅里迷人的雕塑，这些只是他所有作品中的几个例子，它们证实了这座城市如今的样貌在很大程度上要归功于贝尼尼。博罗米尼的作品就得让人找上一找了。他最好的几件作品好像都藏得十分隐蔽：圣伊沃教堂位于一个庭院内部，到了晚上庭院就不再开放；树林圣安德肋圣殿的穹顶和钟楼，找不到一个清晰的视角观赏它们；最后，这条透视性走廊位于罗马的一个次级宫殿的次级庭院里。

这种成就惨淡、缺乏认可的情况很有可能对这位建筑师来说，是一种不折不扣的折磨。一方面，他的对手不断取得成功；另一方面，他本人却很难接到委托，这让他那原本就难以相处、暴躁易怒的性情变得越来越阴暗了。也许这就是博罗米尼在 1667 年 8 月初某个炎热的一天用剑刺死自己的原因之一。就像这位不可复制的天才做过的其他许多事情一样，这一行为的动机至今仍不是全然明晰。有些人认为，这是博罗米尼很久以前就产生的一种心理质变过程的必然结果。还有一些人认为，他的病情因为一个荒唐的医疗处方让他在黑暗中待上几天而加重了。关于他自杀的具体原因，大家众说纷纭，但可以肯定的是，他把自己刺伤后没有立刻死去，并且在他的弥留之际还能焚毁手中的所有图纸，至于他是不是担心其他建筑师会利用这些图纸谋一己之利，我们就不得而知了。尽管博罗米尼热爱光，有能力掌控光，能让光像一种璀璨的液体般在他设计的穹顶内部流淌，但他最终还是为阴影和黑暗所吞噬了。

恰恰是在他人生的最后一段时期，在阴影渐渐占据光明之时，斯帕达委托博罗米尼建造了这条长廊。透视性设计的想法或许是出自博罗米尼本人，虽然斯帕达想必也不会反感在他的宅邸中来上一点“别出心裁”的建筑，好让他的那些访客们眼花缭乱一阵子。许多研究学者指出，建筑师有可能得到了圣奥古斯丁教派的神父乔瓦尼·玛丽亚·达·比托托的帮助，此人是一位数学家，曾研究过实体加速透视法，并且在当时与罗马艺术界往来友好。似乎可以肯定的是，博罗米尼的这一设计是基于他所见过的其他视觉陷阱画，比如伟大的多纳托·布拉曼特于 15 世纪末在米兰的圣沙弟乐圣母堂祭坛后面创作的透视画。年轻时代的博罗米尼在来到罗马之前应该参观过这件作品，在此画中，祭坛后面的实际空间也就只有不到 90 厘米，但在布拉曼特的视觉诡计之下，给人的感觉差不多有 10 米深。同样还可以确定的是，虽然是建立在前人的经验之上，但博罗米尼的这件作品无论是在完成的清晰度上，还是在视觉效果上都超越了他的前辈们，所以说巴洛克时期的透视法达到了绝对杰出的水平，并不是徒有其名。

事实上，在我筹备某次罗马之行时，我就已经打算拿出一天来参观罗马最有名的那些巴洛克时期的视觉陷阱画，因为在其他任何一个地方都看不到如此非凡卓越的作品。如果我们不算上博罗米尼的长廊，那么罗马所有伟大的视觉诡计都是画作，这也证实了长廊的原创性。若是想要参观视觉陷阱画，路线必须要从彼得罗·达·科尔托纳为巴贝里尼宫大厅作的巨型天花板画开始——这座建筑是科尔托纳与马代尔诺、贝尼尼和博罗米尼合作完成，然后去参观耶稣会教堂和圣伊格纳西奥教堂的穹顶。耶稣会教堂穹顶是乔瓦尼·巴蒂斯塔·高利的一件卓越画作，他还有一个更常用的名字是巴琪奇亚，圣伊格纳西奥教堂穹顶的视觉陷阱画则出自耶稣会教徒安德烈·波佐，同样也是一幅巨型画作，但更加理性、更具建筑风格。对任何一个要进行这场罗马穹顶幻觉旅程的人，我都建议他最后去看一看斯帕达宫的透视长廊。参观者将会带着一种介于现实和虚幻之间的体验回到家中，鉴于围绕在我们周围的一大部分现实都在逐渐堕落崩塌，虚幻世界也许并不是一个坏主意。

历史上很少有像巴洛克这样的时期：虚幻和虚假的事物占据了极其重要的地位。抛却我们这个时代不提，谎言和欺骗似乎是这个时代的标志。17 世纪的艺术最执着于欺骗我们的感官，创造想象的世界，至于透视法，则是更为引人注目的一个例子。透视法作为一种测量和检验工具，出现于 15 世纪初，它基于对几何学的运用来了解世界，并通过墙壁或画布的二维平面来表现世界。然而，不到 200 年，透视法的目的就发生了彻底转变。原本是对客观事物的记录，后来变成了主观臆想的载体，15 世纪意大利文艺复兴时期的绘画试图用一切真实的尺寸和面积来展示现实；但到了巴洛克时期，尽是一些试图欺骗感官、营造幻觉的图像。要么就是会说谎的走廊，它能让自身长度倍增，把猫变成老虎，让巨人出现在我们眼前。

在结束斯帕达宫这章之前，我还要说一句，即便我没能亲身走一遍博罗米尼的透视长廊，但我已用双眼和大脑在其中走了一遍。因此它也算得上是一道门，虽然与其他的门有所不同，但同样是一处入口，不过是通往另一个维度的入口：经由它来到一个迷人的世界，在这个世界里，感官会被欺骗和玩弄，心灵却找到了一个无拘无束、自由活动的地方。遗憾的是，没有什么能比初次站在这条透视长廊面前时的印象更深刻。如果你已经读到了这里，但之前并不知道这条透视长廊的存在，那恐怕我已经破坏了你的这份惊喜，但我们仍可以试着让其他人惊讶不已。你可以准备一次参观计划，让你的同伴感到惊奇，在他们来到长廊之前请分散他们的注意力。到了那时，你就可以向你信仰或信任的神灵祈祷，祈祷命运让一只猫从雕像后面冒出来并开始向你和同伴们走来。如果发生了这样的事，那么请忘记那些透视法视觉陷阱，屏蔽掉远处传来的交通噪音，然后让自己为魔法所环抱。

辛特拉：雷加莱拉庄园

献给视觉和精神的隐秘礼物

炼金术……属于精神领域的操作：炼金术士采用并完善了大自然的作品，同时也在“塑造”着自己的工作。

✦ 米尔恰·伊利亚德

雷加莱拉庄园

很难表达第一次参观雷加莱拉庄园时的感受。那是在10多年前，通过一位里斯本同事的指点，我见识了这座建筑，他再三建议我不要错过它。结果证明他是完全正确的。那时里斯本的旅游业还没变成一场“蝗灾”——如今这座迷人城市的无边魅力即将被摧毁。幸运的是，在我去辛特拉的那天，游客不是很多。因此，我享受到了一种将来很难再有的安静体验。

到达庄园之时，首先映入眼帘的是葱郁的植被。整个辛特拉山脉就是一个名副其实的花果园，若是将其与伊比利亚半岛的内部地区进行比较，那么我们这些西班牙人就会大吃一惊。巴达霍斯、雷阿尔城和阿尔瓦塞特虽然与辛特拉处于同一纬度，但前3处地方十分干旱，后者植被则相当蓊郁繁茂。成群的昆虫围绕在开花的植物周围，再加上巨大的热带树木，打造出一个令人诧异的世界，其中甚至还隐藏着更奇特的惊喜。我的这位葡萄牙朋友真是扎扎实实给我上了一课。“把建筑物和花园留到后面，先去看隧道”。遵循着他的指示，我决定先去瀑布旁边的湖，因为根据售票处给我的地图来看，几条（理论上）贯穿山坡的地下隧道之一的起点就在那里。

当我到达水池旁边时，我看到一条瀑布从高处飞流而下，瀑布后面看着像是一个山洞的入口。水面之上有一行由突起石块构成的小路，通往那个喧闹的山洞。在确认了四周没人之后，我冒着不慎落水的危险，决定沿着这条石头路走。一步，两步，三步，似乎下一步我就会滑倒并坠入水池深处。又往前走了几步之后，石块离瀑布已经很近，甚至水都溅到了我身上，打湿了我手里拿着的地图。

我在最后一块石头上往前一跃，来到了一个看起来像是通往山体深处的隧道入口边缘。我感到一种冲动在驱使着我，让自己为洞窟的黑暗所环抱；另一方面，我却有一种感觉：我正在进入禁忌之地。往里走了几米之后，光线再也照不进洞穴，我并不很清楚接下来会发现什么，但我决定继续沿着通道走下去。几秒钟后，我来到一个交叉口。在我的左边是另一条长廊，从那里向我吹来的空气要干燥、温暖得多，但我选择了维持原路线。下一个交叉口我还是没有改变方向，向右稍稍一转，洞穴的黑暗开始渐渐被一种绿宝石般的光芒照亮。抵达隧道尽头后，我进入了一片圆形空间，我的视线跟随着沿井壁螺旋上升的楼梯而上升，而我就在井的底部。在井的上方，树冠在大西洋微风的吹拂下摇曳生姿。

雷加莱拉庄园并不是一座普通的府邸。它的建造者是安东尼奥·奥古斯托·卡瓦略·蒙泰罗，也被称为百万富翁蒙泰罗，此人也并非等闲之辈。他出生于里约热内卢的一个葡萄牙家族，通过经营咖啡和宝石（即在巴西十分常见的绿宝石）生意，将他所继承的丰厚财富进一步扩大。他在葡萄牙定居下来的时候还很年轻，后来成了这里的一名很重要的文化推动者、收藏家和艺术赞助商。

45 岁那年，蒙泰罗决定在辛特拉古城西边买下一大块地皮并启动一项工程，他将在余生中为此倾注很大一部分心血。他在法国景观设计师亨利・鲁索的协助下进行了初步尝试，结果并不尽如人意，到了 1898 年，蒙泰罗开始雇用意大利建筑师洛基・曼尼尼为其庄园设计平面图。1879 年，曼尼尼从伦巴第来到里斯本，担任圣卡洛斯皇家剧院的布景设计师，此人也是一名杰出之辈。虽然在那个时代已经开设了艺术学院，但他的艺术素养可以说是承袭传统的。9 岁时，他成为一位著名意大利画家的学徒，这让他对整个行业有所了解。他的兴趣变得越来越广泛，直到成为一名出色的装饰师、画家、布景设计师和景观设计师，甚至在没有接受过任何相关训练的情况下就接手了众多建筑项目。一个是文雅的百万富豪，一个是自学成才的艺术大师，他们二人的结合可谓是富有成效、成果斐然，雷加莱拉庄园就是这种合作的最佳展示。

庄园内部到处皆是有趣的景致，在这里无法一一尽述。喜欢探索花园的人在此处将会发现种类相当可观的植物；而对建筑感兴趣的人也可以观赏几处十分迷人的建筑。事实上，雷加莱拉庄园的建筑，是可以被定义为新曼努埃尔风格[①]建筑样本的集合，所谓新曼努埃尔风格，是一种出现于19世纪中期以后，对中世纪晚期葡萄牙哥特风的诠释。浪漫主义的潮流在当时席卷了欧洲大陆，而在葡萄牙，人们也将目光转向了中世纪的建筑，将其作为一种折中的、有时装饰过于繁复的风格模型。

受到巴塔利亚修道院、贝伦塔和哲罗姆派修道院等杰作的启发，意大利建筑师曼尼尼制订了一个异常繁复的装饰方案。不管是雷加莱拉宫还是雷加莱拉礼拜堂，建筑师都遵循卡瓦略·蒙泰罗的指示，建造了纤秀而优雅的建筑，既完美继承了哥特风格的垂直感，同时又充满了奇特的装饰元素。正是在这种雕塑装饰中，可以感受到浓厚的象征含义，这让雷加莱拉庄园成为世界各地旅行者的朝圣之地。在庄园的空地和角落中，随处可见阿佛洛狄忒、德墨忒尔、狄俄尼索斯和赫尔墨斯等古典神灵的雕像；诸如丽达与天鹅这样的神话场景出现在具有中世纪风格的塔楼之下；基督教元素与影射炼金术或圣殿骑士团的意象交织在一起。

然而，庄园最大的谜团并不在地面之上。卡瓦略·蒙泰罗的这处宅邸之谜并非第一眼就能识破。雷加莱拉的秘密其实暗藏在地下。

① 曼努埃尔式是葡萄牙在15世纪晚期到16世纪中期，因极力发展海权主义，而在艺术和建筑上出现其独特的建筑风格，取名自当时执政的曼努埃尔一世。——译者注

如今人们参观雷加莱拉庄园地下隧道的感受，与一个多世纪前庄园刚建成时的参观感受大不相同。就我而言，当我跨进洞穴口进入隧道时，我觉得自己就像《七宝奇谋》里小团队中的一员，这部 1985 年的电影影响了整整一代人，它结合了冒险、迷宫、喜剧成分，当然了，还有秘密宝藏。也有那么几个瞬间，我觉得自己好像置身于《丁丁历险记之太阳的囚徒》的一张多格漫画中。在续集《七个水晶球》的续集故事中，丁丁坠入安第斯山脉半山腰的某个瀑布的另一侧，发现了他一直找寻的神庙的秘密入口，我也经历了类似的事情：从瀑布旁边经过，进入地下通道的入口。但我们还是不要自欺欺人了：蒙泰罗在设计庄园的隧道时另有他意，他的意图与魔法和某种启动仪式有关。

虽然众多的书籍、研究和分析都是与这座庄园的地下隧道有关，但学者们至今仍没有对它的各个部分达成一致的解释。与蒙特城堡和博马佐神圣森林的情况一样，关于隧道的伪科学和超自然论调也是比比皆是，不过这一次它们具有较强的合理性。众所周知，卡瓦略·蒙泰罗是一位神秘事物和密宗爱好者，因此我们可以肯定，庄园暗藏了许多神秘的指涉含义。

洞穴是最普遍的大自然象征符号之一。在所有文化中，洞穴与山、树木、海洋、天空和森林等元素都被赋予了丰富的内涵。洞穴可以被归到瑞士心理学家卡尔·荣格的“原型”范畴中。一些基本的、原始的洞穴形象似乎反复出现在各个时期和地区中，依据它们来看，洞穴在所有文化中都有着与女性相关的象征意义。阴暗、潮湿的洞穴往往与孕育生命的子宫联系在一起，因此，隧道就是重生和创造之地，与一切文明源头中的“大地母亲”产生了直接的关系。人类让众多的、不同的神灵都在洞穴中降生。从东方的天照大神，即日本神道教的太阳女神，再到基督本人。在某些传统中，基督并非出生在马厩里，而是在一个山洞里。洞穴是尘世与灵魂之间产生接触的神奇场所，它们有时也是怪物的巢穴以及禁忌宝物的藏身之处，但即使统领洞穴的是黑暗，在这黑暗中也总是存在光亮的迹象。因此，洞穴是一些特殊、奇特之地，而在雷加莱拉庄园，洞穴四处可见。

构成庄园象征体系的另一个元素就是深井，而蒙泰罗设计的整个结构的中心就是那个我通过隧道进入的“启动之井”。这口井有着考究的建筑装饰，它无疑是赋予整体以意义的灵魂部分，也不枉研究学者们在长达一个多世纪里对它的含义进行了绞尽脑汁的琢磨。它是一条竖直的轴线，连通了昏暗的地府和明亮的外界，也是一道门槛和一扇门，因为你既可以从底部上升到顶部，也可以从顶部下沉到底部，既可以从黑暗走向光明，也能以颠倒的顺序穿行其中。

人们对井的结构进行了层层剖析，以寻找可能有助于理解雷加莱拉庄园含义的线索。九层螺旋楼梯被认为是指但丁《神曲》中的九个同心圆；深井底部的十字架无疑是与圣殿骑士团的十字架有关；人们甚至从数字学层面对井的高度进行过分析，以寻找其尺寸中隐藏的某种信息。所有这一切都是徒劳。在所有关于庄园含义的解释理论中，没有一个能够囊括其所有的象征符号，不过确实有某种思想似乎反复出现在了庄园的各个角落中。

我们在跨过任何一条进入山体的隧道入口时，都是将光明抛在身后，然后潜入昏暗。如今洞穴中的照明设备，让我们无法体验蒙泰罗为他的庄园隧道所设计的那种堕入黑暗的感觉，但最初的感觉一定是令人不安和焦躁的。这种潜入黑暗中的行为是一种象征性的死亡。在地底深处摸索着前进则是我们若想要重生就必须完成的通行过程，这是最后的精神重生之前的一项必不可少的来自黑夜和阴影的洗礼。当我们到达深井，并被包裹在从顶部流泻下来的光辉中时，我们就能隐约窥见这趟艰苦跋涉的最终目的地了。接下来便是升华的时刻。随着我们沿楼梯逐步上升，光线也变得越来越强烈、明亮，而黑暗被抛在身后。我们好像是柏拉图洞穴里的那些原始囚徒，在挣脱了身上的枷锁之后，开始向着光亮爬升、靠近。在前进的过程中，体力逐渐消耗，疲惫随之出现。最后几节台阶是最艰难的，似乎可以用指尖，拂过遮挡深井上方入口的红杉树和栓皮栎树的叶子。

从井口出来时，我们就完成了这一启动仪式。我们此时已经身处庄园的最高处，所有的花园和建筑都在我们脚下。我们已经从昏暗的深处重生了。我们克服了黑暗中的危险，拒绝了藏在阴影里的诱惑。重生后的我们返回了外界，重获了新生的光芒、明亮和清醒。

虽然最后几段文字的描述充满神秘主义和灵性的色彩，但卡瓦略·蒙泰罗在设计雷加莱拉庄园时应该也尝试表现过类似的含义。然而，所有这些象征性部件的缔造者从未想过要对他的这一伟大作品的终极意义进行解释。套用创作型歌手奎克·冈萨雷斯的话来说，蒙泰罗懂得"神秘感比确定性更持久"，他同样也懂得，确保雷加莱拉庄园在未来享有知名度的最佳方式，就是不将其所有秘密都透露给世人。看起来蒙泰罗似乎比20世纪初的一些伟大的先锋派艺术家们先行了一步。

即使在今天，仍然没有人理解在第一次世界大战中期时，达达主义者在苏黎世写下的宣言背后的真正意图。即使在今天，仍有新书在出版，它们试图解开毕加索那幅神秘的《格尔尼卡》中的含义和象征符号。即使在今天，学者们仍然想知道，雷加莱拉庄园——这座想象力和奇幻事物的美妙结合体，其创造者究竟想要传达什么信息。就我而言，我很高兴我既不完全理解达达主义，也不完全理解毕加索的作品，也不完全理解这个难以描述的地方的隧道和竖井。凡是存在美妙谜团的地方，就不会有平庸的真相。

安东尼奥·奥古斯托·卡瓦略·蒙泰罗于1920年10月24日去世，享年71岁。去世之前，他委托曾将他的设计项目在辛特拉付诸现实的建筑师洛基·曼尼尼为他建造坟墓。在里斯本的普拉泽雷斯公墓，这个全世界名字最美丽的墓地中，矗立着卡瓦略·蒙泰罗家族的墓碑，同样充满了象征性的元素，仿佛是庄园的一个缩影。不过，这座陵墓最奇特之处是开启坟墓之门的那把钥匙。钥匙用黄金铸成，专供蒙泰罗使用，不仅可以打开他的坟墓，还可以打开他位于里斯本阿莱克里姆街府邸的正门，以及雷加莱拉庄园的入口。同一把钥匙，可以开启死亡、生命以及精神的复生。

出于对卡瓦略·蒙泰罗的了解，很有可能这把独一无二的钥匙背后也暗藏着某个隐喻和某条信息。知识是能够开启所有现在和未来之门的真正钥匙吗？抑或似乎像委罗内塞在巴巴罗别墅中想要告诉我们的那样，想象力才是那把钥匙？能让人以真正、真实的方式活着。死去和重生的关键是知识吗？答案仍旧隐藏在雷加莱拉庄园隧道入口的后方。

维也纳：分离派展览馆

每个时代有它自己的艺术

当有了太多的自由，就永远不会有足够的自由。

✦ 奥斯卡·王尔德

幻想的自由绝不是逃向非现实，而是创造和勇敢。

✦ 欧仁·尤内斯库

每次我到访维也纳都会有一种特殊的感受。显然，它并不是欧洲最具纪念性的城市，也不是拥有最多博物馆或景点的城市，但实际上很少有像维也纳这样的大都市，将如此丰富的文化集聚在如此小的空间之中。它的古城区很大，虽然比不上巴黎或伦敦古城区的广阔面积，但对任何一位艺术爱好者来说，维也纳之所以是一个非同寻常的地方，是因为它的稠密度。从维也纳艺术史博物馆的门口出发，你只需要穿过一个小公园，就能与另一座文化殿堂——维也纳自然史博物馆迎面相逢。但这还没完。离这两座博物馆差不多 200 米处，你就可以进入另一个艺术天堂——维也纳博物馆区，其前身是哈布斯堡王朝的皇家马厩。在这里聚集着多达 8 处文化机构，其中比较重要的有现代艺术博物馆和神话般的列奥波多博物馆——那里收藏了画家埃贡·席勒最好的作品。这依旧不是全部。

如果我们往市中心走，穿过著名的“戒指路”，也就是将维也纳中心老城区圈起来的环城大道，我们就会遇到更多的必看景点，如维也纳世界博物馆和霍夫堡。前者是一座现代民族学博物馆，后者则是豪华的奥地利皇宫，是一座名副其实的微型城市，里面有许多令人惊叹的厅室，比如珍宝馆，其中存放的或许是欧洲最重要的皇家宝藏。转过一个拐角，我们就可以看到奥地利国家图书馆和阿尔贝蒂纳博物馆，后者是欧洲最好的博物馆之一，收藏了最多的阿尔布雷特·丢勒的画作。这些都还没有算上大街小巷随处可见的教堂和庙宇。离市中心稍远一些，等待着我们的是维也纳应用艺术博物馆和美景宫的珍宝，再远一些的地方，还有其他似乎看不到边的奇观。

然而，在维也纳，我的脚步似乎总是向着某个通常不会出现在必打卡景点名单上的建筑走去。尽管维也纳有着这么多出色的博物馆、画廊和名胜古迹，但每次当我知道，我将要在这个古老而优雅的奥匈帝国首都待上几天时，我都会数着日子，期待着进入一座早期现代性的殿堂。因为于我而言，在维也纳没有任何一座建筑能比得上分离派展览馆在我心内的分量。

被称为分离派展览馆的是位于现在的弗里德里希大街上的一座独立的、规模不算太大的建筑，由年轻时的建筑师约瑟夫·玛丽·奥尔布里希设计。如果从市中心走着去那里，首先可能看到的是它醒目的金色圆顶，因为即使在建造这座展览馆时，对那个时代保守的维也纳社会来说，金色圆顶也是最引人注目的特征。虽然圆顶占据主导地位，但最有趣的元素还是要在大门的高度上找寻。装饰在入口处的 3 句话用大的金色字母写成，在正立面的白色墙壁上显得格外突出，这短短 3 句话比百十本书里的成百上千页内容更能概括19世纪末的艺术世界。但我们最好还是一点点地循序渐入，因为现代性并不是一夜之间诞生的。

该展馆于1898年落成。它是由一个被称为分离派的艺术家团体建造的，后者是那个时代在捍卫创作自由方面最先进的团体之一。一群对维也纳美术学院持不满态度的艺术家们在1897年成立了分离派，其中的杰出人物包括画家古斯塔夫·克里姆特和设计师约瑟夫·霍夫曼。分离派从一开始就力图成为一个独特的团体。他们出版了一份名为《圣春》的杂志，虽然它并不是那个年代所出版的第一份与艺术题材有关的期刊，但它在德语国家之外的地区也成为一种文化参考。分离派还公然反对了当时在维也纳盛行的学院派艺术，指责其迷恋传统和过去，扼杀了奥地利的艺术氛围。而另一方面，分离派艺术家的绯闻也不断，其中很多绯闻往往都与克里姆特本人有关，他用他在当时被认为是不道德的、充满情色意味的艺术将维也纳社会搅动得混乱不安。但如果说分离派有什么地方真正领先于它的时代，那就是他们构思、设计并建造了一座建筑，分离派在成立之初将其作为总部，并在这里举办过定期展览。

平心而论，我不敢说分离派展览馆是一个可以用美丽来形容的建筑。我曾多次参观过它，并有幸分别在正午酷烈的阳光下、夏日清晨的薄雾中，甚至在城市夜晚灯火的辉映下见过它，即便这样，我也很难将它描述为一座因其和谐之美而脱颖而出的建筑。它的形状有些生硬，并且与维也纳19世纪的其他建筑相比，它的墙壁显得过分朴素和克制。它的结构和体积似乎也与欧洲传统格格不入，在当时的那个年代，它被称为“亚洲剪影”甚至“亚述人的厕所”并不是毫无理由的，这让我们了解到奥地利社会的一部分人群是如何看待它的。即便从远处看建筑最引人注目的元素，即由 3 000 片镀金青铜做的月桂叶片构成的圆顶，也很难第一眼就接受它。因此，在建筑落成之时，人们将其称为“金色圆白菜”并不奇怪，这一绰号想必与它靠近位于左维也纳河畔大道的水果蔬菜市场有关系。除了我在维也纳旅行时参观过这座建筑之外，10 多年来我一直在课堂上将其展示给我那些学习平面设计和建筑的学生，所以我与这座展览馆的接触高达几十次。即便如此，我仍然不明白它的魅力在何处。有时候，它让我想起那些我们从来不会说他们长相俊美但就是无法从他们身上移开目光的人，他们散发的也许就是这种吸引力。

除了展览馆本身的醒目外形，这座建筑的装饰风格同样也值得人们注意。就像我们在奎尔别墅的铁栅门上看到的那样，在 19 世纪末和 20 世纪初，现代主义盛行于欧洲，它是一种极具装饰性的风格，充满了曲线的韵律和取材于大自然的灵感。但在维也纳，我们发现了一些不同的东西。诚然，展览馆的圆顶是由镀金月桂叶片制成的，展馆的外墙也是由植物图案装饰的，但其精神内核与欧洲现代主义的其他作品截然不同。并且显然，它也与 19 世纪下半叶在环城大道上建造的那些伟大建筑的历史主义相对立，后者至今仍然是维也纳的形象标志。

分离派试图用它的展览和展馆本身来反抗一切既定的东西。事实上，凭借其笔直的线条和敦实而紧凑的体形，该建筑就已经显示出对几何图形和几何构造的倾向，与历史主义和“新艺术运动”的现代主义都相距甚远。若是我们浅析一下这种对几何学的特殊偏爱源自哪里，那就不得不提到苏格兰艺术家夫妇查尔斯·马金托什和玛格丽特·麦克唐纳的设计所产生的关键影响。这对杰出的夫妇真正做到了领先于他们的时代，他们创造了那个激昂年代中一些最为卓越的设计，他们所设计的物品和建筑，似乎比欧洲其他地区的设计进程要早了几十年。分离派成员对任何形式的新事物都很敏锐，他们熟悉这对夫妇的作品，甚至邀请两人参加 1900 年的第八届分离派展览会，从那时起，这个维也纳团体就转向了一种越来越现代的几何学风格。

那么，门呢？读到此处，肯定有人问及门在哪里。不得不说，这道门本身乍一看并不是很有趣。它位于一小段台阶之上，如今两侧是两个由小乌龟驮着的大花盆，棕色的双扇门不是很大，也不是很显眼。两只浮雕蜥蜴守在门的上部，再往上的地方是一大片装饰图案，内容与圆顶一样，也是金色的月桂树叶。

这个几乎通体白色的正立面看上去似乎没有更多的东西了，但确实还有。我们驻足于这座建筑和这道门前的原因是门周围的 3 句话。首先映入眼帘的可能是位于入口左边的那句话，它写的是分离派的杂志名称:《圣春》。这两个拉丁词意为“神圣的春天”，指的是文化的重生、艺术的新曙光，分离派成员希望这道曙光可以照亮他们的城市，然后辐射到欧洲大陆的其他地方。这一主旨是这个团体的根基所在，因为每一位分离派成员都希望能将陈旧的学院派时代抛到身后，他们认为那种时代是想象力的真正寒冬。而在寒冬之后，应该迎来新艺术的春天。

第二句话有可能会被人们忽略，因为组成它的金色字母比较小，还因为它正好就位于门楣上方。3 张明显取材自古希腊神话面具中蜿蜒伸出几条蛇，在蛇的后面可以看到这样的文字：Malerei Architektur Plastik，意思是绘画、建筑和雕塑。分离派用这 3 个词向人们传达了它的另一个基本理念，这一理念与欧洲其他地方的现代主义不谋而合。新的艺术风格必须将这 3 种伟大的传统艺术形式和谐地结合在一起，但始终必须将建筑作为核心，以及其他两种艺术形式的熔炉。以这种方式，就可以实现德国人所谓的“Gesamtkunstwerk”，即整体艺术作品——他们十分热衷把代表多个概念的词组合成一个词。这一思想在 20 世纪的头几十年里产生了巨大影响力，它的重要性不仅体现在我们此处讲到的现代主义，而且还体现在类似包豪斯这种机构的全方位现代性上面。

让我们回到维也纳，注意看门周围 3 句话中的最后一句，无疑也是最特殊的一句，至少对我而言，自我第一次读到它那天起，它就是 3 句中最独特的那句。如果你在进入展馆之前抬起视线，你会看到，额枋（它似乎支撑着轻盈的圆顶）上有两行用气派的金色字母写成的句子：Der Zeit ihre Kunst, Der Kunst ihre Freiheit。它们就是分离派这座建筑上方的文字，德语意思是“每个时代有它自己的艺术，艺术有它的自由”，这也许是19世纪末期最不同凡响的句子之一。如今，我们生活在一个极度崇拜变革和独特性的世界，很难体会到这8个词的重要性。然而，在曾经保守的、乃至令人窒息的维也纳，这句话是对自由的一声真正呐喊，预示了“文化革命”将在之后推翻学院派和老旧传统。这句被写在新式建筑最高处的话语，是对距离它不到200米的维也纳美术学院的一种挑战，并且在近125年以来，它都在提醒人们自由的重要性。

20世纪并没有十分善意地对待分离派及其展览馆。即使在一些地位重要的艺术家退出团体之后，展览馆仍被用作举办分离派展览的场地，然而第一次世界大战对他们中的许多人而言是一场灾难。如果说在20世纪的艺术史上有哪一年是悲剧的一年，那很可能就是1918年，因为克里姆特、瓦格纳、莫泽，甚至非常年轻的埃贡·席勒都在这一年去世了。他们其中的一些人死于时间无可挽回的流逝，另一些人则是所谓的西班牙流感的受害者——西班牙流感并不是来自西班牙，但确实是一种致命流感。出于这样或那样的原因，1918年之后，分离派就没有剩下什么了，展馆渐渐被人们遗忘，在第二次世界大战的轰炸之后更是无人问津。直到20世纪最后的二十几年，这座建筑才恢复了活力，曾经流露出来的那种激进的现代性逐渐消失，取而代之的是对不久之前的艺术时期采取更尊重的态度。也就是自那时起，分离派展览馆重新成为20世纪末和21世纪初维也纳不可回避的文化焦点，也让我得以在21世纪初去参观它，欣赏它的本来面目：一个当代艺术中心。

事实上，与我在亲身体验它之前所想的相反的是，这个展馆并不是分离派的一个博物馆。当我带着深不可测的无知，第一次走进它的大门时，我有了某种类似失望的感觉，因为我原本想象的，是在馆内会发现分离派中最伟大艺术家们的最杰出作品。然而事实并非如此，也幸亏并非如此，因为即使在今天，展览馆仍然展示着最激进的现代艺术，这座建筑仍然忠实于那句写在建筑顶部的文字：每个时代有它自己的艺术，艺术有它的自由。

每个学期，我都有幸能对分离派做几番评价。如果有哪天早上我知道接下来马上要给学生们讲解分离派，那么去艺术学院的路就会变得格外轻快，有时候我甚至会吹着欢快的口哨抵达教室。或许会有人觉得难以理解，但对我而言，每年用于讲解分离派的那些课时，是整个学期中最令我心满意足的时光。并且如果课堂上的某个时刻由愉悦转变为激动，那无疑就是我用我那不存在的德语口音大声朗读分离派展览馆入口上方的文字之时。因为我想传达给学生们的是，这句话让这扇门不仅仅作为一栋建筑的入口存在。这些镀金的字母让门成为通往现代性的真正入口，成为一种将彻底改变这个世纪的新艺术的门槛，成为一个前所未有的、全然陌生的时代的门厅，而我们还是这一时代的继承者。

但还有更重要的一点。如今看来，这 8 个词就像 120 多年前一样合乎时宜；在 21 世纪初的今天，这 8 个词具有与 19 世纪末相同的效力；这 8 个词语永远不会失去它们的意义，因为人类将会目睹其他新时代的到来，并且也应以和那个由奥地利人组成的团体一样的态度，去面对这些时代。每个时代有它自己的艺术，艺术有它的自由。

通 往 历 史 的 门 · 跨 越 西 方 建 筑 与 艺 术

终　点

UN FINAL

阿尔瓦塞特：
波埃达加西亚卡尔波内尔街 10 号，1 层 A 户

拉曼查有个地方

有一行魏尔伦的诗句，

我已回忆不起有一条邻近的街道，

是我双脚的禁地有一面镜子，

最后一次望见我有一扇门，

我在世界尽头将它关闭。

✦ 豪尔赫·路易斯·博尔赫斯

我们是一个旅行中的物种，

我们没有归属之地，唯有行囊。

我们与风中的花粉同行，

我们活着是因为我们在移动。

✦ 荷西·德克勒

这本书中的很多章节，是我在2020年新冠疫情的隔离期间写完的。自1918年西班牙流感（这个名字取得不好）至今的一个多世纪以来，这是第一场来到欧洲大门前并穿门而过的疫情，它迫使欧洲人民被关在家中。在那些不幸的日子里，房屋的大门突然有了强烈的存在感，这种情况很少见。这些我们在平时会熟视无睹穿行而过的门，这些我们很少会去注意的门，在一夜之间变成了对几百万人来说难以跨越的屏障，并以此状态持续了几个月。在疫情的前3个星期，我仅限于在3月某个寒冷的夜晚走出家门下楼倒垃圾，那个3月很不同寻常，不仅是因为病毒来袭，还因为那时的气温更像是1月末，而不是初春。

在我住在那间公寓的前几个月和前几年里，倒垃圾一直都是一个因其平庸琐碎而几乎被完全忽视的举动，但在那天晚上变成了一种“通过仪式”，一种充满含义和情感的仪式。我只在街上待了几分钟，但当我再次进入家中时，我意识到我不知道何时才会再去门的另一边。我忽然感觉到除我之外存在一个内部和一个外部，存在一个私密、家居的空间和另一个公共、社会的空间。我立刻明白，地中海生活方式中最棒的一点就是，这些界限几乎完全被废除了，家和外界之间的屏障也被抹去了。在像西班牙这样的国家中，我们生活在屋外的时间要比在屋内的时间多，但在那段不幸的日子里，所有人都不得不把自己关在四面墙壁之内。至于许多其他国家是不是也像西班牙这样，将这种隔离视为一种与其生活方式背道而驰、完全相左的事情，我对此很怀疑，但绝大多数西班牙人还是遵守了规则，关上了他们的家门。

这本书力图成为一本旅行护照，一张用于重新探索几十扇门的通行证。多年来我都在旅行，参观许多名胜古迹，我从未设想过这些地方最后会被我写进这本书中，但如果说撰写这本书在某种程度上具有重要意义的话，那是因为它让我的心灵飞离了那个将我拘禁其中的家。每写一章，我都要去阅读、研究，再次熟悉那些我曾经熟悉的地点，但我同时也重温了几百张照片，我还在卫星地图上搜索，这样可以正确地定位那些建筑，然后我凭借思想和想象力，再次穿过了所有那些门中的每一扇。不管怎么说，我这也算是旅行了。虽然可能并不是以我喜欢的那种方式旅行，但写作确实需要某种平静和停顿，需要暂时放下行囊，以便能够将经历过的和所学到的写到纸上。在那几个月里，许多生命断送了，许多工作搁浅了，还有很多的旅行计划也泡汤了，谁也不知道将来某天它们是否还能被重新开启。

就我而言，2020 年 4 月的第二个星期原本是用来探索意大利中部地区的。坐飞机飞到博洛尼亚之后，原本应该有一辆车载着我向南方驶去，把我带到乌尔比诺、佩鲁贾、奥尔维耶托和博马佐等城市。博马佐？是的，你没看错。现在我要承认，神圣森林这一章是唯一一个我在没有亲身了解过其中那扇门的情况下写的章节。我那时一直拿不定主意要不要把这一章放进此书，但最后我还是决定把它加进书里，作为对刻在食人魔巨口上面的那行文字的致敬。“每一种思想都会飞翔”，皮尔·弗朗西斯科·奥西尼如是写道。凭借着飞翔的、游荡的想象力，我写完了神圣森林这一章。我想这位公爵应该不会在意，我将阅读和想象作为唯一的认知工具，写了一篇与他的公园有关的文章，但我还是要借此机会请求他的原谅，并且向他保证，但凡出现一丝能够飞往意大利的机会，我一定会亲自去穿过那道门。

人类建起了成千上万的建筑和墙壁，但总是在它们其中设立一扇门。我们是门的建造者，因为我们的内在天性决定了我们会不断移动，会从一个地方移到另一个地方，会探索未知的事物。我们每一个人都是天生的旅行者，每一扇门都在邀约你去进行一次探索，本书试图开启其中的某些门。可能有人已经穿过了这些门，而我仅仅希望，当他下次再度穿过它们之时，能用新的眼光去观看它们，并且我希望他已在这本书中发现了某些隐藏的东西。或许还有人至今不了解这些门。如果是这样的话，那么没有什么是比在读者心中种下好奇和渴望的种子、令他们想要有朝一日去穿过这些门更让我感到幸福的事情了。

这本书曾让我在无法旅行的日子里旅行了一番。这本书曾让我的思想离开了家中可爱的墙壁，飞到了那些我所描绘的门前，希望我也让读完此书的人获得和我类似的体验。每本书都是一扇门，而每扇门都暗示着一场旅行。这本书力图想要成为一次穿越20多扇门的旅程，但我也希望这些门能作为未来其他文学和建筑成果的出发点，因为我们不应忘记的是，人类这个物种的本质是语言和移动，是交谈和流通，是文字和旅行。

致　　谢

任何一本书都不仅是一个人的作品，而是许多人通力合作的结晶，本书也不例外。因此在这里我必须要对那些与此书之创作相关的人们表示感激之情。人员名单如下：

首先是你，我亲爱的读者，因为任何一种形式的文字在另一个思想读到它之前，都是不完整的。衷心地感谢你在穿过了这么多不同的门之后读到了这里，我只希望这趟旅程能够不虚此行。

奥菲利亚•格兰德（Ofelia Grande）和胡里奥•格雷罗（Julio Guerrero），在我自己都不相信这项工作能够完成的时候，他们却相信。

埃斯特拉•加西亚（Estrella García）、埃莱娜•帕拉西奥斯（Elena Palacios）和西鲁埃拉（Siruela）出版社的所有编辑们，他们将成千上万个杂乱无章的文字变成了一本书。

罗西奥（Rocío）、玛尔塔（Marta）、何塞•拉蒙（José Ramón）

以及阿尔瓦塞特人民图书馆的其他工作人员。如果说一本书的诞生往往是从别处汲取水源，那么多年来我最喜欢的阅读源泉就是这个地方，我每隔几天就会来这儿一趟，以满足我对书页和墨水的渴求。

塞尔吉奥（Sergio），因为他是第一批读过此书中某扇门的人之一，也是鼓励我继续探索它们的人之一。[当然，还有华妮（Juani），因为在我印象中，塞尔吉奥和华妮，华妮和塞尔吉奥，他们是一个不可分割的整体，这让我每当在某个句子中写出其中一人的名字时，就会立刻再带上另一个人的名字]。

我的姑妈玛丽特雷（Maritere），因为她送我的那些书在我心中种下了对文字的喜爱，那些书已经陪伴了我 40 多年。

亚美莉亚（Amelia），安娜·玛蒂娜（Ana Martina）、加尔米娜（Carmina）、贡萨洛（Gongzalo）、戈约（Goyo）、雨果（Hugo）、哈维（Javi）、华娜（Juanan）、曼努艾拉（Manuela）、玛利亚·何塞（María José）、佩德罗（Pedro）、普拉茨（Prats）、罗西奥（Rocío）、罗萨娜（Rosana）、萨拉（Sara）、托尼（Toni）和所有与我在阿尔瓦塞特艺术学院共事 13 年的同事们。如果不是因为我在一个如此丰富多彩的地方工作，如果不是因为和这些令每一天都充满快乐的人们一起工作，那么这个项目的完成将会艰难许多。

在这 13 年中，所有那些我有幸教过的学生。每当我试图用一些故事让课堂变得更有趣时，他们那专注和惊讶的眼神，以及我在很多时刻、无数堂课上曾感受到的那种活力，都是我在开启这趟冒险旅程之时的支柱。

贝伦•桑切斯（Belén Sánchez），她是第一个校阅这本书的人，并且向我贡献了她的全部智慧和她对文字的热爱。

安娜（Ana）、古斯塔沃（Gustavo）、桑德拉（Sandra）、维克托里亚诺（Victoriano）、劳拉（Laura）和玛丽娜（Marina），我们在意大利12月的几个阳光明媚却很寒冷的日子里，共同探索了蒙特城堡。[还有安娜•克里斯提那（Ana Cristina），丘乔（Chucho），西贝雷斯（Cibeles），科斯迈（Cosme）、简（Jan）、何塞（Jose）、马里卢斯（Mariluz）、拉盖尔（Raquel）、塞吉（Sergi）和多雷多（Toledo），虽然他们没有跟我们一起穿过那扇门，但他们无疑有过这个想法。]

帕洛玛（Paloma），她是陪我走完这趟旅程最后一个阶段的人，虽然这个阶段时间很短。人们永远不知道这一类的旅程会持续多久，但我一直希望的是，笑容能够一直陪伴我们走到最后。

托尼（Toni）和罗萨娜（Rosana），他们让我登上一艘游轮，沿着尼罗河寻找阶梯式金字塔和法老的神庙。

皮拉尔（Pilar），这么久的时间以来，她一直是那个任何人都想要拥有的最好的朋友：一位“拉曼查的妯娌”，可以与之度过几百个令人捧腹的午后、与之密谋某件事、与之小酌一杯啤酒。我很少认识像她这样拥有众多智慧却深藏不露、又很不把自己当回事的人。出于这个原因以及其他很多原因，有她在身边，总是不乏身体和灵魂的快乐源泉。

马可（Marco），这么久以来，是他让我成了更好的人。看着他一天天长大，从一个害羞的孩童成为一名出色的青年，这于我无疑是一种馈赠。

梅尔切（Merche），因为如果没有她，全部这一切都不可能实现。我们不仅手挽手共同穿过了这本书中的很多扇门，而且多亏了她的建议、支持和爱，我才开启了这本书的旅程，这本书在当时只是一个看上去很荒唐的想法而已。组成这本书的文字虽然是由我挑选和整理的，但是赋予这本书形态的种种时刻、旅行和情感，是我们两个人共同经历过的。

塞西莉亚（Cecilia）和迭戈（Diego），有很多次，站在他们位于瓦伦西亚市中心的老旧露台上，我们似乎可以用指尖触摸到塞拉诺斯塔楼。

玛利安赫拉斯（Mariángeles），此人是我在罗马的锚和港口。她还陪我发现了罗马猫奇迹般的"变大"过程。我也忘不了朱塞佩（Giuseppe）、朱利亚（Giulia）和罗拉（Lola）。去罗马就像是去参加聚会，因为在他们那里总是有无尽的欢笑。（热水器[①]！）

艾玛（Emma）、赫拉尔多（Gerardo）和阿德里（Adri），因为他们是我的家族中带有英国、西班牙和匈牙利血统的人。如果

---

① 原文为意大利语"Lo scaldabagno!"（可能是朋友间的一个笑话）。——译者注

说我对未来有什么期许的话，那就是希望我写的每一行字能在某一天被我的侄女读到。我为她而写，为她的眼睛和目光而写。但愿她在将来能觉得她叔叔讲的是一些有趣的事情。

当然，还有我的父母：弗兰西丝（Francis）和塞巴斯蒂安（Sebastián），他们向我开启了第一扇也是最重要的那扇门，并且更重要的是，他们从来没有向我关上任何一扇门。此书的开头几句话是献给我的兄弟，最后几句话则是献给我的父母。

参考文献

引言、起点及终点

ABULAFIA, D. (ed.) (2003), *El Mediterráneo en la historia.* Londres, Thames and Hudson.

— (*et al.*) (2004), *Mediterraneum. El esplendor del Mediterráneo medieval. S. XIII-XV.* Barcelona, Generalitat de Catalunya.

BALTRUSAITIS, J. (1983), *La Edad Media fantástica. Antigüedades y exotismos en el arte gótico.* Madrid, Cátedra.

BANGO TORVISO, I. G.; MUÑOZ PÁRRAGA, M. C.; ABAD CASTRO, C.; LÓPEZ DE GUEREÑO SANZ, M. T. (2017), *Diccionario de términos artísticos.* Madrid, Silex.

BARTLETT, R. (2002), *Panorama medieval.* Barcelona, Blume.

BORSI, F. (1998), *Bernini.* Madrid, Akal.

BRUSATIN, M. (2006), *Historia de los colores.* Barcelona, Paidós Estética.

BUSSAGLI, M. (ed.) (2000), *Roma. Arte y Arquitectura.* Colonia, Könemann.

CAMPBELL, J. (2018), *El héroe de las mil caras: Psicoanálisis del mito.* México D. F., Fondo de Cultura Económica.

CARBONELL, E.; CASSANELLI, R. (eds.) (2003), *El Mediterráneo y el arte. Del gótico al inicio del Renacimiento.* Barcelona, Lunwerg Editores.

DE LA PLAZA, L. (coor.) (2008), *Diccionario visual de términos arquitectónicos.* Madrid, Cátedra.

ECO, U. (1995), *Apocalípticos e integrados.* Barcelona: Tusquets.

FALCINELLI, R. (2019), *Cromorama: Cómo el color transforma nuestra visión del mundo.* Barcelona, Taurus.

FATÁS, G.; BORRÁS, G. M. (1990), *Diccionario de términos de arte y elementos de arqueología, heráldica y numismática.* Madrid, Alianza Editorial.

FRAMPTON, K. (2014), *Historia crítica de la arquitectura moderna.* Barcelona, Gustavo Gili.

GAGE, J. (2001), *Color y cultura. La práctica y el significado del color de la Antigüedad a la abstracción.* Madrid, Ediciones Siruela.

GARCÍA GUAL, C. (2013), *Introducción a la mitología griega.* Madrid, Alianza Editorial.

— (2017), *Diccionario de mitos.* Barcelona, Turner.

GARCIAS, J. C. (2000), *Mackintosh.* Madrid, Akal.

GIDEION, S. (1988), *El presente eterno: Los comienzos de la arquitectura.* Madrid, Alianza Editorial.

GRAVES, R. (1984), *Los mitos griegos.* Barcelona, Ariel.

GRIMAL, P. (2008), *Diccionario de mitología griega y romana.* Móstoles, Ediciones Paidós Ibérica.

HARARI, Y. N. (2015), *Sapiens. De animales a dioses.* Barcelona, Editorial Debate.

HARD, R. (2016), *El gran libro de la mitología griega.* Madrid, La Esfera de los Libros.

HELLER, E. (2004), *Psicología del color: Cómo actúan los colores sobre los sentimientos y la razón.* Barcelona, Gustavo Gili.

HOLLIS, E. (2012), *La vida secreta de los edificios. Del Partenón a Las Vegas en trece historias.* Madrid, Ediciones Siruela.

JONES, D. (2019), *Arquitectura. Toda la historia.* Barcelona, Blume.

JUNG, C. G. (1969), *El hombre y sus símbolos.* Madrid, Aguilar.

KOSTOF, S. (1998), *Historia de la arquitectura.* 3 vols. Madrid, Alianza Editorial.

LE GOFF, J.; SCHMITT, J. C. (eds.) (2003), *Diccionario razonado del Occidente medieval.* Madrid, Akal.

LE GOFF, J. (2010), *Héroes, maravillas y leyendas de la Edad Media.* Madrid, Paidós.

MARIÑO FERRO, X. R. (2014), *Diccionario del simbolismo animal.* Madrid, Ediciones Encuentro.

MILONE, A.; POLO D'AMBROSIO, L. (2007), *Medievo. 1000-1400: El arte europeo entre el románico y el gótico.* Barcelona, Random House Mondadori.

PASTOUREAU, M. (2013), *Diccionario de los colores.* Barcelona, Paidós.

—(2013), *Una historia simbólica de la Edad Media occidental.* Buenos Aires, Katz Editores.

—(2017), *Los colores de nuestros recuerdos.* Cáceres, Periférica.

RAMÍREZ, J. A. (ed.) (2004), *Historia del Arte*, 4 vols. Madrid, Alianza Editorial.

REVILLA, F. (2007), *Diccionario de iconografía y simbología.* Madrid, Cátedra.

RONNBERG, A. (red.); MARTIN, K. (ed.) (2011), *El libro de los símbolos.* Colonia, Taschen.

ROTH, L. M. (1993), *Entender la arquitectura. Sus elementos, historia y significado.* Barcelona, Gustavo Gili.

ST CLAIR, K. (2017), *Las vidas secretas del color.* Madrid, Ediciones Urano.

STIERLIN, H. (2004), *El Imperio Romano. Desde los etruscos a la caída del Imperio Romano.* Colonia, Taschen.

SUMMERSON, J. (2016), *El lenguaje clásico de la arquitectura.* Barcelona, Gustavo Gili.

TOMAN, R. (ed.) (1999), *El Arte en la Italia del Renacimiento. Arquitectura, escultura, pintura, dibujo.* Colonia, Könemann.

WADE, D. (2015), *Geometría y arte. Influencias matemáticas durante el Renacimiento.* Madrid, Ediciones Librero.

WESTON, R. (2011), *100 ideas que cambiaron la arquitectura.* Barcelona, Blume.

ZABALBEASCOA, A.; RODRÍGUEZ MARCOS, J. (2015), *Vidas construidas. Biografías de arquitectos.* Barcelona, Gustavo Gili.

神圣之门

ARMSTRONG, K. (1996), *Una historia de Dios. 4000 años de búsqueda en el judaísmo, el cristianismo y el islam.* Barcelona, Círculo de Lectores.

ASLAN, R. (2019), *Dios. Una historia humana.* Barcelona, Taurus.

BARRAL I ALTET, X. (2005), *EL Románico. Ciudades, catedrales y monasterios.* Colonia, Taschen.

BOTO VARELA, G. (2007), «Representaciones románicas de monstruos y seres imaginarios. Pluralidad de atribuciones funcionales». En *El mensaje simbólico del imaginario románico.* Aguilar de Campoo, Fundación Santa María la Real.

CAMPBELL, J. (2019), *Tú eres eso. Las metáforas religiosas y su interpretación.* Girona, Atalanta.

CARLIN, D. (2020), *El fin siempre está cerca. Los momentos apocalípticos de la historia desde la Edad del Bronce hasta la era nuclear.* Barcelona, Destino.

CHARBONNEAU-LASSAY, L. (1997), *El bestiario de Cristo. El simbolismo animal en la Antigüedad y la Edad Media.* Palma de Mallorca, José J. de Olañeta, Editor.

DOMÍNGUEZ ORTIZ, A.; PÉREZ SÁNCHEZ, A. E.; GÁLLEGO, J. (1990), *Velázquez.* Madrid, Museo del Prado.

FOCILLON, H. (1987), *La escultura románica. Investigaciones sobre la historia de las formas.* Madrid, Akal.

— (1988), *El año mil.* Madrid, Alianza Editorial.

FUSI, J. P.; CALVO SERRALLER, F. (2009), *El espejo del tiempo. La historia y el arte de España.* Madrid, Taurus.

GRABAR, A. (1998), *Las vías de la creación en la iconografía cristiana.* Madrid, Alianza Editorial.

HANI, J. (2000), *El simbolismo del templo cristiano.* Palma de Mallorca, José J. de Olañeta, Editor.

HOSKIN, M. (2008), «El estudio científico de los megalitos (3). La arqueoastronomía». *Revista PH. Especial monográfico. Patrimonio megalítico,* 67, 84-91.

HUERTA HUERTA, P. L. (coor.) (2014), *El románico y sus mundos imaginados.* Aguilar de Campoo, Fundación Santa María la Real.

KAMEN, H. (2020), *La invención de España. Leyendas e ilusiones que han construido la realidad española.* Madrid, Espasa.

MANZANO-MONÍS Y LÓPEZ-CHICHERI, M. (2013), *Sobre la Arquitectura en la definición del Paisaje.* Tesis doctoral. Madrid, Universidad Politécnica de Madrid. Escuela Técnica Superior de Arquitectura. Departamento de Composición Arquitectónica.

MARDER, T. A.; WILSON JONES, M. (eds.) (2018), *The Pantheon: From Antiquity to the Present.* Cambridge, Cambridge University Press.

MENSAJE (2007), *El mensaje simbólico del imaginario románico.* Aguilar de Campoo, Fundación Santa María la Real.

NORWICH, J. J. (2009), *Historia de Venecia.* Granada, Almed Ediciones. PARRA, J. M. (2019), *La Gran Pirámide ¡vaya timo!* Pamplona, Laetoli.

PASTOUREAU, M. (2010), *Azul: Historia de un color.* Barcelona, Paidós.

RIVAS LÓPEZ, J. (2008), *Policromías sobre piedra en el contexto de la Europa medieval: Aspectos históricos y tecnológicos.* Tesis doctoral. Madrid, Universidad Complutense de Madrid.

SCARRE, C. (2008), «Nuevos enfoques para el estudio de los monumentos megalíticos de Europa Occidental». *Revista PH. Especial monográfico. Patrimonio megalítico,* 67, 12-23.

SEBASTIÁN, S. (2009), *Mensaje simbólico del arte medieval.* Madrid, Ediciones Encuentro.

STIERLIN, H. (2004), *Grecia. De Micenas al Partenón.* Colonia, Taschen.

TOMAN, R. (ed.) (1996), *El románico. Arquitectura. Escultura. Pintura.* Colonia, Könemann.

— (ed.) (1999), *El gótico. Arquitectura. Escultura. Pintura.* Colonia, Könemann.

TUSQUETS, O. (2005), *Dios lo ve.* Barcelona, Anagrama.

VON SIMPSON, O. (2007), *La catedral gótica: Los orígenes de la arquitectura gótica y el concepto medieval de orden.* Madrid, Alianza Editorial.

WHEATLEY, D.; MURRIETA FLORES, P. (2008), «Grandes piedras en un mundo cambiante: La arqueología de los megalitos en su paisaje». *Revista PH. Especial monográfico. Patrimonio megalítico,* 67, 12-23.

WILKINSON, R. H. (2003), *Magia y símbolo en el arte egipcio.* Madrid, Alianza Editorial.

私域的入口

ABULAFIA, D. (2013), *El Gran Mar. Una historia humana del Mediterráneo.* Barcelona, Crítica.

ALVAR NUÑO, A. (2010), *El mal de ojo en el occidente romano: Materiales de Italia, norte de* África*, Península Ibérica y Galia.* Tesis doctoral. Madrid, Universidad Complutense de Madrid.

AMBRUSSO, M. (2018), *Castel del Monte. La storia e il mito.* Bari, Edipuglia.

BARRUCAND, M.; BEDNORZ, A. (1992), *Arquitectura islámica en Andalucía.* Colonia, Taschen.

BEARD, M. (2014), *Pompeya: Historia y leyenda de una ciudad romana.* Barcelona, Editorial Planeta.

BELTRAIMI, G.; BURNS, H. (eds.) (2009), *Palladio.* Barcelona, Turner.

BERMÚDEZ LÓPEZ, J. (2010), *Guía oficial de la Alhambra y el Generalife.* Madrid, TF Editores.

BUSTAMANTE MONTORO, R. (1996), *La conservación del patrimonio cultural inmueble durante conflictos armados: La Guerra Civil española (1936-1939).* Tesis doctoral. Madrid, Universidad Politécnica de Madrid.

CAMPBELL, J. (2019), *La historia del Grial.* Girona, Atalanta.

CAPILLA ALEDÓN, G. B. (2015), *El poder representado. Alfonso V el Magnánimo (1416-1458).* Tesis doctoral. Valencia, Universitat de València.

CERVERA ARIAS, F.; MILETO, C. (coor.) (2003), *Las Torres de Serranos, historia y restauración.* Valencia, Ayuntamiento de Valencia.

CLAYTON, E. (2016), *La historia de la escritura.* Madrid, Ediciones Siruela.

CLINE, E. H. (2016), *1177 a. C.: El año del colapso de la civilización.* Barcelona, Crítica.

— (2017), *Tres piedras hacen una pared. Historias de la arqueología.* Barcelona, Crítica.

CONNOLLY, P. (1986), *Los ejércitos griegos.* Madrid, Espasa Libros.

DURANDO, F. (2005), *Guía de arqueología. Grecia.* Madrid, Libsa.

ESPAÑOL BERTRÁN, F. (2004), «La cultura figurativa tardogótica al servicio de Alfonso el Magnánimo. Artistas y obras del Levante peninsular en Italia». En *Mediterraneum. El esplendor del Mediterráneo medieval. S. XIII-XV.* Barcelona, Lungwerg.

FAHR-BECKER, G. (1998), *El modernismo.* Colonia, Könemann.

— (2008), *Wiener Werkstätte. 1903-1932.* Colonia, Taschen.

FALLACARA, G.; OCCHINEGRO, U. (2015), *Castel del Monte. Inedite indagini Scientifiche.* I Congreso interdisciplinario. Actas de la conferencia. Bari, Politecnico di Bari.

FERNÁNDEZ PUERTAS, A. (1980), *La fachada del Palacio de Comares. Situación, función y génesis.* Granada, Patronato de la Alhambra.

FERRANDIS MONTESINOS, J. (2016), *Las murallas de Valencia. Historia, arquitectura y arqueología. Análisis y estado de la cuestión. Propuesta para su puesta en valor y divulgación de sus preexistencias.* Tesis doctoral. Valencia, Universitat Politècnica de València.

FRYE, D. (2019), *Muros. La civilización a través de sus fronteras.* Madrid, Turner Noema.

GARCÍA MARSILLA, J. C. (2000), «Le immagini del potere e il potere delle immagini. I mezzi iconici al servizio della monarchia aragonese nel Basso Medioevo». *Rivista Storica Italiana,* año CXII, fascículo II, 569-602.

GRABAR, O. (1980), *La Alhambra: Iconografía, formas y valores.* Madrid, Alianza Editorial.

—(1988), *La formación del Arte islámico*, Madrid, Cátedra.

—(2006), *La Alhambra.* Madrid, Alianza Editorial.

HATTSTEIN, M.; DELIUS, P. (eds.) (2001), *El islam. Arte y Arquitectura.* Colonia, Könemann.

HOFFMAN, C. (2012), «The Villa Barbaro: An Integration of Theatrical Concepts in Search of Absolute Illusion and Spatial Unification». *Colgate Academic Review*, vol. 9, artículo 10.

JEAN, G. (2012), *La escritura. Memoria de la humanidad.* Barcelona, Blume.

JIMÉNEZ DÍAZ, N. (2015), *Estudio histórico de la Fachada de Comares.* Granada, Patronato de la Alhambra y Generalife.

LOMBA FUENTES, J. (2000), «El papel de la belleza en la tradición islámica». *Anales del Seminario de Historia de la Filosofía*, 17, 37-51, Madrid, Universidad Complutense.

MEGGS, P. B.; PURVIS, A. W. (2009), *Historia del diseño gráfico.* Barcelona, RM Verlag.

MOLLER, V. (2019), *La ruta del conocimiento. La historia de cómo se perd-*

ieron y redes-cubrieron las ideas del mundo clásico. Barcelona, Taurus.
MORRIS, I. (2018), ¿Por *qué manda Occidente por ahora?* Barcelona, Ático de los Libros.
PANOFSKY, E. (2014), *Renacimiento y renacimientos en el arte occidental.* Madrid, Alianza Editorial.
PÉREZ GÓMEZ, R. (2019), *Alhambra. Belleza abstracta.* Granada, Patronato de la Alhambra y Generalife.
POHLEN, J. (2011), *Fuente de letras.* Colonia, Taschen.
PUERTA VÍLCHEZ, J. M. (2012), *Leer la Alhambra. Guía visual del monumento a través de sus inscripciones.* Granada, Patronato de la Alhambra y Generalife.
PUERTA VÍLCHEZ, J. M. (2015), «Caligramas arquitectónicos e imágenes poéticas de la Alhambra». En *Epigrafía* árabe *y arqueología medieval.* Granada.
RUIZ SOUZA, J. C. (2004), «Castilla y al-Ándalus. Arquitecturas aljamiadas y otros grados de asimilación»,. *Anuario del Departamento de Historia y Teoría del Arte,* vol. XVI, 17-43, Madrid, Universidad Autónoma de Madrid.
SÁNCHEZ, C. (2005), *Arte y erotismo en el mundo clásico.* Madrid, Ediciones Siruela.
SCHLIEMANN, H. (1880), *Mycenae: A Narrative of Researches and Discoveries at Mycenae and Tyrins.* Nueva York, Scribner, Armstrong.
SEMBACH, K. J. (2007), *Modernismo. La utopía de la reconciliación.* Colonia, Taschen.
SERRA DESFILIS, A. (2000), «È cosa catalana: La Gran Sala de Castel Nuovo en el contexto mediterráneo». *Annali di Architettura: Rivista del Centro Internazionale di Studi di Architettura* «Andrea *Palladio»,* 12, 7-16.
— (2007), «Ingeniería y construcción en las murallas de Valencia en el siglo XIV». En *Actas del Quinto Congreso Nacional de Historia de la Construcción.* Madrid, Instituto Juan de Herrera, 883-894.
VAN HENSBERGEN, G. (2001), *Antoni Gaudí.* Barcelona, Plaza & Janés.
ZERBST, R. (1989), *Gaudí. Obra arquitectónica completa.* Colonia, Taschen.

ÁLVAREZ REGUILLO, L. (2007), *Discursos de la sombra: Tesis doctoral sobre la naturaleza del espacio arquitectónico.* Tesis doctoral. Sevilla, Universidad de Sevilla.

BADE, P. (2018), *Gustav Klimt en su casa.* Londres, Quarto Iberoamericana.

BAUHAUS (2012), *Bauhaus. Art as Life.* Londres, Koenig Books and Barbican Art Gallery.

BEARD, M. (2012), *El triunfo romano. Una historia de Roma a través de la celebración de sus victorias.* Madrid, Crítica.

BEARD, M. (2016), *SPQR. Una historia de la antigua Roma.* Barcelona, Editorial Planeta.

BENEVOLO, L. (1974), *Historia de la arquitectura moderna.* Barcelona, Gustavo Gili.

BLUNT, A. (2005), *Borromini.* Madrid, Alianza Editorial.

COARELLI, F. (1997), *Roma. Guide archeologiche Mondarori.* Milán, Arnoldo Mondadori Editore.

CURTIS, W. J. R. (2012), *La arquitectura moderna desde 1900.* Londres, Phaidon Press.

DROSTE, M. (2019), *Bauhaus. 1919-1933.* Colonia, Taschen.

ELIADE, M. (2001), *Herreros y alquimistas.* Madrid, Alianza Editorial.

FRAMPTON, K. (2014), *Historia crítica de la arquitectura moderna.* Barcelona, Gustavo Gili.

GIEDION, S. (1997), *El presente eterno: Los comienzos de la arquitectura.* Madrid, Alianza Editorial.

GÖSSEL, P.; LEUTHÄUSER, G. (2012), *Arquitectura del siglo XX.* Colonia, Taschen.

HAGEN, R. S.; HAGEN, R. (1999), *Egipto. Hombres. Dioses. Faraones.* Colonia, Taschen.

HELLER. S.; VIENN, V. (2012), *100 ideas que cambiaron el diseño gráfico.* Barcelona, Blume.

JIMÉNEZ-BLANCO, M. D. (2007), «Viena 1900». En *Capitales del Arte Moderno.* Madrid, Instituto de Cultura, Fundación MAPFRE.

LEHNER, M. (1997), *The complete pyramids.* Londres, Thames and Hudson.

LUPTON, E.; ABBOTT MILLER, J. (2019), *El ABC de la Bauhaus. La Bauhaus y la teoría del diseño.* Barcelona, Gustavo Gili.

MARTON, P.; WUNDRAM, M.; PAPE, T. (2009), *Palladio. Obra arquitectónica completa.* Colonia, Taschen.

MUJICA LAINEZ, M. (1987), *Bomarzo.* Barcelona, Seix Barral.

NIETO, V.; MORALES, A. J.; CHECA, F. (2010), *Arquitectura del Renacimiento en España. 1488-1599.* Madrid, Cátedra.

NOEVER, P. (ed.) (2006), *Yearning for beauty. The Wiener Werkstätte and the Stoclet House.* Viena, MAK.

OSTENBERG, I. (2009), *Staging the World: Spoils, Captives, and Representations in the Roman Triumphal Procession.* Oxford, Oxford University Press.

PANOFSKY, E. (2003), *La perspectiva como forma simbólica.* Barcelona, Tusquets. PESCARIN, S. (2005), *Guía de arqueología de Roma.* Madrid, Libsa.

REQUENA, M. (2014), *Omina mortis. Presagios de muerte. Cuando los dioses abandonan al emperador romano.* Madrid, Adaba Editores.

RUSSELL HITCHCOCK, H. (2008), *Arquitectura de los siglos XIX y XX.* Madrid, Cátedra.

SATZ, M. (2017), *Pequeños paraísos. El espíritu de los jardines.* Barcelona, Acantilado.

SCHMUTLZER, R. (1996), *El Modernismo.* Madrid, Alianza Editorial. SEBASTIÁN, S. (1978), *Arte y humanismo.* Madrid, Cátedra.

TASCHEN, A.; TASCHEN, B. (2019), *Arquitectura moderna de la A a la Z.* Colonia, Taschen.

TOMAN, R. (ed.) (1997), *El Barroco. Arquitectura, escultura, pintura.* Colonia, Könemann.

VARRIANO, J. (1990), *Arquitectura italiana del Barroco al Rococó.* Madrid, Alianza Editorial.

WIEN (2005), *Wien 1900. Kunst und Kultur.* Múnich, Deutscher Taschenbuch Verlag.

WIND, E. (1998), *Los misterios paganos del Renacimiento.* Madrid, Alianza Editorial. WITTKOWER, R. (2007), *Arte y arquitectura en Italia. 1600-1750.* Madrid, Cátedra.